爱让我们一夜长大

《婚姻与家庭》25周年精选
marriage & family

中国长安出版社

图书在版编目（CIP）数据

爱让我们一夜长大 / 韩湘景，刘萍主编. —北京：中国长安出版社，2010.12

（《婚姻与家庭》25周年精选）

ISBN 978-7-5107-0321-8

Ⅰ.①爱… Ⅱ.①韩…②刘… Ⅲ.①情感-通俗读物 Ⅳ. ①B842.6-49

中国版本图书馆CIP数据核字（2010）第256761号

爱让我们一夜长大

韩湘景　刘萍主编

出版： 中国长安出版社

社址： 北京市东城区北池子大街14号（100006）

网址： http://www.ccapress.com

邮箱： ccapress@yahoo.com.cn

发行： 中国长安出版社　全国新华书店

电话：（010）85099947

印刷： 北京正合鼎业印刷技术有限公司

开本： 1/16

印张： 17.25

字数： 250千字

版本： 2011年2月第1版　2011年2月第1次印刷

书号： ISBN 978-7-5107-0321-8

定价： 26.80元

Celebrity 精致的文字闪耀

《婚姻与家庭》特邀专家团队

金韵蓉

权威心理学专家。《婚姻与家庭》特邀心理专家。知名专栏作家，畅销书作家。代表作品包括《女人30+》《爱在左，管教在右》等。

雷明

知名心理咨询师。《婚姻与家庭》特邀专家。
中央电视台《半边天》栏目常驻心理专家。

岳晓东

著名的心理学家。《婚姻与家庭》特邀专家。目前在香港城市大学任教。

六六

《婚姻与家庭》特邀作者。被看作继张爱玲、虹影之后的第三代海外华裔女作家代表。代表作品有《王贵与安娜》《蜗居》等。

鱼顺顺

自由撰稿人，电台主持人，央视《半边天》栏目情感点评专家。《婚姻与家庭》特邀情感类专家。

黄维仁

著名婚姻专家、婚姻问题专家。《婚姻与家庭》特邀专家。
著有畅销书《窗外依然有蓝天》等。

武志红

著名心理专家、专栏作者。《婚姻与家庭》特邀专家。
著有畅销书《心灵的七种兵器》等。

乐嘉

中国性格色彩研究中心创办人。《婚姻与家庭》特邀专家。
2010年担任江苏卫视《非诚勿扰》心理点评专家。著有畅销书《色眼识人》《让你的爱非诚勿扰》等。

会心一笑或是豁然开朗，有的时候就是一句话。

着智慧

胡邓

中国人民大学心理健康教育与咨询中心主任。《婚姻与家庭》特邀心理专家。

陈彤

著名情感专栏作家。著名编剧。《婚姻与家庭》特邀情感类作者。

著有畅销书《当男人想你的时候》《我愿意》等。

张德芬

著名心理专家。《婚姻与家庭》特邀作者。

著有身心灵畅销书《遇见未知的自己》《活出全新的自己》等。

荀焱

著名心理咨询师。知名专栏作者。《婚姻与家庭》特邀专家。

全国妇联特聘“首都科学讲堂”公益大使。

吴淡如

台湾知名电视主持人。《婚姻与家庭》特邀作者。

著有畅销书《自恋总比自卑好》《善待你的桃花运》等。

雪小禅

著名专栏作家。情感女性作者。《婚姻与家庭》特邀作者。

孟迁

著名儿童教育专家。中央电视台、北京台多档儿童类节目客座专家。《婚姻与家庭》特邀亲子专家。

著有畅销书《做好父母这件事》《上帝也是单亲》等。

CONTENTS

Chapter 01 幸福婚姻的模样

Chapter 02 爱情的 101 种滋味

Chapter 05 爱上双人舞

Chapter 01
幸福婚姻的模样

幸福的婚姻长什么样儿

策划执行 / 本刊编辑部

专家支持 / 宫学萍（心理咨询师）

路梅（心理咨询师）

幸福的婚姻是什么样的?

有人说，不幸的婚姻各有各的不幸，幸福的婚姻却有着相似的样子。不久前，女性给这种相似的幸福做出了回答。在关于幸福感的网络调查中，有七成女性表示，婚姻的幸福在于找到一个可以依赖的人。

有这么一个故事。一个城里人和一个农村人生病住院了，两人的情况都不太乐观。城里人的家人、同事纷纷来看望他，对他说："你安心养病，家里一切都好，不用操心；单位上的活儿已经交代别人做了，你不用着急。"看望乡下人的亲属并不多，只有他太太时不时出现，还对他絮絮叨叨："要种麦苗了，我一个人忙不过来；家里的猪要卖了，你说卖多少钱比较好……"不久，放心的城里人去世了，操心的乡下人却好了起来。这个故事告诉我们，依赖，有时是生命得以延续的支撑。在婚姻中，因为有依赖，因为被人依赖，我们能够得到价值感，觉得自己是被人需要的。

婚姻中的依赖，还在于它满足了我们对于“重新做回孩子”的需求。在理想的婚姻中，你不愿离开我，我也舍不得抛下你，管他什么天灾人祸、天打雷劈，反正不论何时我回头看看你，你都要一如既往地为我张开怀抱。谁都会有想偷懒的时候，谁都会有累的时候，这时，允许自己和对方时不时地“赖一赖”、使使小性子，无非就是给我们内心的孩子放放风，满足童年时寻找妈妈庇佑的温暖和轻松。

依赖，还源自对于安全感的需求。依赖最开始发生在孩子和妈妈之间。孩子是无助的，妈妈是强大的，她的保护让孩子觉得安全。孩子长大成人后，与妈妈的依赖关系会复制到伴侣之间，让安全感得以延续。

依赖还意味着“在一起”。夫妻在相互依赖中获得共同的情感体验，有过共同的生活回忆。我看过你最无助的样子，你给过我最有力的支撑，这一切都将给婚姻带来“连理枝式”的亲密感，使夫妻间的情感藤蔓越缠越紧。

我们都需要依赖，因为我们都需要价值感、安全感、放松感和亲密感。爱需要距离，爱也需要融合。让依赖成为问题的，不在于这个行为本身，而是它背后的心理需求过于强大，或者过于压抑。了解了这些，你和伴侣之间才能更健康地相互依赖。

菟丝花一样的女人

阿沁下定决心嫁给大她 8 岁的舜子，是因为舜子身上那副“天塌下来有我扛着”的气魄。结婚后，阿沁觉得自己真是嫁对了人，舜子从来没有让她生气过，也从来没有让她为家里的事烦心过。

阿沁有多依赖舜子呢？看看舜子每天的日程表就知道了：早上 7 点，舜子准时起床做早饭，然后叫阿沁起床，送她上班；中午休息时，舜子去超市买菜；晚上回家给阿沁做晚饭；吃完饭，舜子把所有家务活儿做好，然后去书房看书。有时看书看到太晚，舜子会在沙发上睡觉——他怕自己上床会吵着阿沁。

很好的老公对不对？阿沁也这么觉得。“我什么也不懂，家里全靠舜子。”这是阿沁的口头禅。有一次，邻居来敲门：“阿沁，你们家的物业费是怎么交的?”还没等阿沁回答，邻居忽然笑了：“算了，你肯定不懂，我还是回头问你老公吧。”阿沁有些不好意思，却又觉得很幸福：有个老公依赖，真好。在阿沁心里，舜子就是一棵结实的松树，自己就是缠绕在树上的菟丝花，他是她所有的依赖。

阿沁依赖自己，舜子十分清楚。所以他轻易不出差，遇上阿沁生病，他会推掉所有重要的事情，专心陪着阿沁。有这样的老公，阿沁直到40岁，还娇滴滴的像个小姑娘。

只是，幸福太短暂。一天早上，舜子突然对阿沁说自己心脏有点儿不舒服。阿沁没有在意，反正舜子每次生病都是自己去医院。等阿沁慢悠悠地从床上爬起来时，却发现舜子躺在沙发上，已经停止了呼吸。

阿沁的幸福飞走了。随之而来的，是深深的内疚和恐惧。她内疚，因为自己从来没有照顾过这个男人；她恐惧，因为自己连老公的葬礼都安排不好。她甚至不知道如何交水电费。她还不知道，今后的路该怎么走……

点　评

阿沁是典型的“过度依赖”。这类人大多在成长过程中被家长过度保护，心理不成熟，拒绝成长，希望他人对自己负责。所幸的是，丈夫接纳阿沁对他的依赖，彼此相处和谐。而不幸也恰恰在此。丈夫的包容进一步强化了阿沁的小孩心态，导致她在思想和行动能力上更加退化，甚至不懂得关心照顾丈夫，回馈这份爱。如果阿沁的丈夫能够明确夫妻界限，让阿沁对自己的人生负责，那么阿沁很可能从婚姻中得到成长，尽管这个过程会比较艰难。

裹着“保鲜膜”的妻子

崔伟去外地出差。晚上，觥筹交错间，同事的手机相继响起：“累吗？在干吗？和谁在一起?”同事羡慕地对崔伟说：“还是你老婆好，从来不查岗。”崔伟苦笑，他多希望自己能被老婆查。

崔伟的这个愿望基本很难实现。老婆何丽是博士，又是企业高管，才不会做这么无聊的事。每次崔伟出差，她总是一个短信解决问题：“到了吗？安心工作，家里不用操心。”是，她的确不用人操心。崔伟不在家，她一样能过得好好的：上班、做家务、健身、学习。和他在家时一模一样，一丝寂寞的味道都没有闻到。

何丽实在太独立了，似乎永远不需要崔伟的陪伴。大冬天，她要出去买菜，崔伟叫住她：“等等我，我们一起去。”“不用，外面那么冷，你在家好好待着。”说完独自出门；家里的电脑坏了，崔伟还没来得及动手，她自己已经鼓捣好了；逢年过节给双方父母邮寄礼物，还没等崔伟开口，她已经办得妥妥当当……何丽好像没有需要崔伟的时候。崔伟提出和她一起做什么时，十有八九，她会笑着说：“不用，我自己来就行。”

这句话简直成了崔伟的死穴，让他觉得自己真没用。更让崔伟难过的是，在情感上，何丽也把自己包得严严实实。她很少像别的女人那样撒娇，或者说“你陪陪我”，也不会主动要求崔伟对她好。

崔伟觉得，妻子就像裹了一层保鲜膜，不需要陪伴，从来不暴露自己的内心，不和他过于亲近。如果可以，崔伟宁愿冒着寒风陪她去菜场买菜；宁愿她把电脑往他身边一扔，说道：“老公，你帮我搞定它。”宁愿她在自己出差时，痴缠着说：“你快点儿回来，我想你了。”宁愿她又哭又闹，然后逼自己讲几个笑话……“我也是家庭的一分子，我也想为你分担，想让你依靠。亲爱的老婆，你能懂吗?”

点 评

何丽和丈夫的关系属于过度疏离。这类人大多在成长过程中，有个严格的父亲或者溺爱的母亲。严格的父亲让她认为流露情感是不好的，并学会更早地独立，认为“只能靠自己”；溺爱的母亲使她觉得自己被情感吞没，没有自我。于是在婚姻中，她十分在意自己的空间，对于伴侣的依赖和亲密会本能地抗拒，害怕再次经历被情感吞没的窒息感。崔伟要理解何丽对于自我空间的需求，在建立亲密联系时，不妨慢一些，给她时间适应。

永无止境的讨好

回到家，钱斌直接走进书房，没有跟在客厅看电视的朱莉打招呼。这样的举动让朱莉很不安，莫非是自己得罪了他？想想看，昨天她对闺蜜说了几句婆婆的坏话，但钱斌不可能听到；接女儿回家时，经不住她的纠缠，买了一个汉堡（钱斌反对女儿吃垃圾食品），但女儿已经吃完了啊！难道他以为自己在看电视，偷懒没做饭？朱莉赶紧到厨房端出饭菜，一脸堆笑地招呼老公吃饭。饭桌上，朱莉小心看着钱斌的脸色，挖空心思讲了几件趣事。看见钱斌笑了，朱莉的心这才回到肚子里，也眉飞色舞地吃了起来。

朱莉害怕钱斌生气，每次他一生气，朱莉就惶恐不安，生怕是自己做得不好。其实，很多时候根本和朱莉没关系。因为害怕，朱莉处处讨好老公：钱斌不喜欢吃辣，朱莉做菜从来不放辣椒，虽然她自己无辣不欢；钱斌不喜欢女人烫头发，朱莉就清汤挂面地过了6年；钱斌喜欢户外运动，一向赖床的朱莉会在周末早早起床，累得半死不活还假装高兴……

朱莉也会和钱斌吵架，大多是为了钱斌不陪她、不带她出去。钱斌很喜欢交际，朱莉总是要求他带上自己，可钱斌不愿意：“我们大老爷们儿在一起，你去不合适。”朱莉十分难过，她问钱斌，是不是嫌自己不够好，或者有别的女人？钱斌哭笑不得。头几次，他还好好地哄朱莉，可后来他也不耐烦了，和朱莉吵了起来。一看见老公发火，朱莉吓坏了，又是道歉又是赔小心，有时甚至连“上床”的招数都使上了。朱莉觉得自己就像个孩子，平日里看大人的脸色好，就可以撒个欢儿闹闹；可大人要是真生气，立刻慌了神，只能低头认错。

这样的生活让朱莉感到很累，而且觉得自己很委屈。为什么自己付出这么多，一切都迁就他，他还是老出去，一点儿都不懂得感恩。朱莉不知道，钱斌一样过得很累。看着朱莉小心翼翼的样子，好像是自己欺负了她似的，他没让她这样做啊！

点　评

朱莉对丈夫的讨好，本质上还是过度依赖。因为依赖丈夫，害怕丈夫抛弃自己，所以她处处讨他欢心，最终失去自我。这类讨好型的人，大多在成长过程中有个冷漠的家长，或者有过“被抛弃”的情感体验。她们认为，只有让别人高兴了，他才会喜欢自己，才不会离开自己。这种深层次的依赖还隐藏着控制的心理：我为你做了这么多，如果你再对我不好，那么一切都是你的错，你要对我的情绪和人生负责。这就是为什么朱莉的丈夫会感到不舒服，她的好对丈夫而言成了负担。

专家如此说

学会健康地依赖

宫学萍/心理咨询师

过度依赖会让伴侣感到窒息，让自己变成一个不懂得爱和回馈的孩子，把婚姻过成童话；不依赖又会让伴侣觉得你不需要他，把婚姻过成了铜墙铁壁……那么究竟我们要怎么掌握这个度呢？

提到“依赖”这一话题，很多人常常误认为过度依赖的问题核心是当事人

"生活能力低下"，例如没有经济来源，或者不会洗衣做饭。但事实并非如此。"依赖"，换句话说即"不要对方离开"，本质上是内心对于独立、责任以及"成为一个成年人"的深层恐惧。

观察身边的那些"依赖者"，我们不难发现，虽然他们依赖他人的形式五花八门，但共同点都是"需要有个人为他/她负责"。他们梦想永远活得像个孩子，希望童年式的生活可以无限期地延长，伴侣可以做自己一辈子的家长。他们不断制造各种糟糕的假象，逃避自主的生活，让大家（包括他们自己在内）相信他们是真的"不能"——而不是"不愿"走向独立。

所以，几乎所有关于"依赖"的故事，自然也只能发生在婚恋和家庭生活之中（职场中可没那么多喜欢哄孩子的闲人）。极端的例子比如芮莲。在工作场合中叱咤风云的她，和男朋友在一起时，却感到在饭店点一桌可口的饭菜都是不可能完成的任务。婚后的芮莲辞掉了工作，她的家庭主妇式的"依赖症"也愈演愈烈，不久连原本开了6年的汽车也"不能"驾驶了，每周都要坐老公的汽车去超市采购食物。可等到两年后这段婚姻不幸解体，重回单身的她又"奇迹"般地把那辆福特车开得风驰电掣。

十分有意思的是，那些特别喜欢"赖上"他人的人，通常也很容易吸引到执迷于"被依赖"的那一类人。后者对于"照顾他人、指导他人、替人负责"同样充满热情且欲罢不能。如果不能经常"痛并快乐"地为对方解决麻烦，他们的生活似乎会变得暗淡无光。慧慧就是这样的人。在家里，从买菜做饭到装修新房，从孩子的教育到老公的交际，一切的一切，慧慧全部包揽下来，从来不和老公商量，也不准老公插手，而且做得有条不紊、无可挑剔。老公但凡要拒绝，或者提出自己的意见，慧慧就特别生气，还骂老公"不知好歹"。慧慧无法容忍自己没有事做，无法容忍对方拒绝自己的"关心"，巴不得孩子和老公都变成"废物"，她的成就感才能光芒万丈。

不管是过度依赖他人，还是过度需要被人依赖，都是在试图模糊两个人之间的界限。前者是甘心丧失自我，后者是试图吞没对方，这样的依赖与被依赖，都将给自己和婚姻带来麻烦。

两个人组成一个家庭，相互的依赖是正常的，也是必需的。健康的依赖关系，最明显的特征就是双方可以随时说“不”。妻子愿意每天为丈夫洗衣做饭，却也相信她不在家时，丈夫可以把自己照顾得很好；丈夫甘心给妻子提供好的生活环境，却也相信，假如自己的事业遭遇不顺，妻子一样可以撑起这个家。其次，彼此都是愉悦的。你依赖他时，他是乐于接受的，愿意为你服务的，而不是烦躁的，甚至想要逃。同样，在依赖他的时候，你依然觉得自己是能干的、自信的、充满安全感的。

在婚姻中，依赖是一种方式，而不是目的。他可以帮你解决问题，帮你遮风挡雨，但是，他没有义务对你的人生负责。彼此互相依赖，却不丧失自我，不强求对方。这样的依赖，才是婚姻中健康的状态。

他们如此说

王悦：公务员——被他依赖又如何？

太多闺蜜曾在我耳边说，男人靠得住，母猪会上树。说这话时，闺蜜的眼神充满了过来人的智慧，语气十分之苦口婆心。

话是没错。但她们都忘了，男人靠不住，只因女人的依赖过了头，不懂得迂回有度的战略战术。我从来不抡着这些女权主义的大棒，把男人踩在脚下，把自己搞得苦哈哈的，还要笑着对镜头说：“女人，就是要对自己好一点儿。”真是累死活该。

依赖从来都是存在的。两个人结婚，如果不互相依赖，还过什么日子？问题是，依赖不应该是单方的，而要互相对等。让男人对你死心塌地的法则之一，就是时常让他小小地依赖你，偶尔让他大大地依赖你。

我有个女友非常有趣，每次跟她老公吵架，硝烟四起又互不相让时，她会暴怒地扔下一句话："今晚不给你做饭!"说完她都恨不得掐死自己，难道唯一可以威胁他的招数，就只有不做饭而已？

有威胁的招数，总比没有的好，至少说明他在某些方面还依赖你，没有了你他不能过得这么舒坦。比如说我，每天给老公系领带、热豆浆。这样做的好处是，我出差时，他会鬼哭狼嚎般打电话问我什么时候回来。其实，他单身时系领带系了好几年，比我强多了。只不过，他享受依赖我、被我照顾的感觉，而我也在照顾他的时候得到满足，因为被自己所爱的人需要，是一种幸福。

当然，这都是比较低端的战术，偶尔还需要搞一些高端的战略。某天他为工作烦恼，压力大到极点。晚上，他蜷缩在被窝里对我说："老婆，你抱抱我。"这时，我会把他当成孩子，轻轻搂在怀里拍着，让他放松，陪他说话。

有些女人认为，有这样举动的男人太没用了。你们错了。当一个男人愿意在你面前表现出脆弱，愿意无所顾忌地依赖你时，恰恰证明他爱你、信任你。试想一下，当你的男人找别的女人抚慰，或者告诉你，没有你他一样过得很好时，你是否会有找棵树撞死的冲动?

依赖，不仅意味着依赖对方，也意味着被对方依赖。当你成为他生命中不可缺失的力量时，还有什么能把你们分开呢?

二三石：银行职员——依赖是给他机会表现

静芸是个在精神上很彪悍的女人，打从结婚起就给老公制定了许多家规，密密麻麻看下来，着实吓人。其实静芸这人是精神上的王者，行动上的奴隶。家规都是面儿上摆的，谁也没当回事，不过是在关键的时刻，可以拿来威胁和震慑老公。但有一条家规，静芸要求老公坚决地执行：那就是每天洗碗。

这都是被现实给逼的。刚结婚时，静芸这个贪财好色的女人十分满足，老公不仅长得帅，而且工资全部上交。静芸打着小算盘：自己每个月挣3000块，全归自己花；老公每个月挣6000块，还是归自己花，一个人花两个人的钱，真是赚大发了。可越到后来，静芸越发现不对劲儿：要做两个人的饭、洗两个人的衣服，后来还得管两个人生出来的小孩……而那个赚6000块钱的男人呢？似乎除了给钱，基本上不疼老婆不管娃。于是，在夜晚的灯下，静芸又细细算了一笔账，觉得自己真是亏大发了。人家都说，嫁个男人好有个依靠，可自己啥也没捞着。对，钱是多了，可既然组成了一个家，那个男人总不能啥也不上心吧？于是，静芸在家规上加了一条：每天晚饭后，老公必须洗碗。

静芸一旦下了决心，老公知道九头牛也拉不回她，于是乖乖地执行。有时，老公晚上应酬到很晚，回到家，依然发现一堆碗等着自己洗。他愤怒："王静芸你搞什么鬼？洗个碗而已，你一定要靠我吗？"静芸冷笑一声："笑话，一顿饭都难不倒我，别提洗几个碗。我就是要让你洗，让你知道，你还有个家，有老婆孩子指着你疼！"老公被震得无话可说，屁颠屁颠地进厨房了。这碗洗着洗着，就洗出了成就感，老公开始向静芸邀功："瞧瞧，要是没有我洗碗，你拿什么洗菜做饭？"静芸也会很狗腿地拍马屁："当然了，我和孩子都离不开你呢！"

其实婚姻就是这么回事。女人让男人接孩子、拖地板，不是她干不了，而是要让这个男人明白，他是这个家的一分子，要对妻子孩子负责。当然，段数更高的女人不在这些小事上下工夫，她们会在某个月黑风高的晚上，娇滴滴地对老公说："亲爱的，最近我遇到了麻烦，你能帮我解决吗？"只要这样的次数不太多，那个男人必定如打了鸡血般摩拳擦掌。其实，女人心里在窃笑："小样儿，不让你费点儿心，你哪里知道老婆孩子热炕头是怎么来的。"

观　点

谈起依赖，我们很容易想到琼瑶小说中菟丝花一般的女主人。所以我们反对依赖，反对将自己完全地交给他人。但是，请不要忘记，还有一种木棉般的女人，她站在橡树身旁，彼此的根紧握在地下，叶相触在云里，仿佛永远分离，却又终身相依。这样的女人，和伴侣有着平等的人格，既独立面对自己的成长，又在和伴侣的相互依赖中，获得亲密和力量。

如果你认为，幸福就是找到一个可以依赖的人，那么，请不要做那依附的菟丝花，而要做一株木棉。对于木棉一般的女人，可以放心地彼此依赖。因为，依赖也是爱的表达，是信任的力量，是幸福的缩影。

快时代，慢婚姻

策划执行 / 本刊编辑部

专家支持 / 谢际春

当今社会正处于“快节奏时代”，就连婚姻也不例外。人们企图用最短的时间获得爱情，3秒钟可以爱上一个人；5分钟可以谈一场恋爱；7小时就可以确定终身伴侣……恋爱婚姻的程序变得简单便捷，“闪婚”成为了当下年轻人的新时尚。闪电般的相识，闪电般的爱情火花，闪电般的结婚，这背后好像有一股无形的力量，催促着我们一切都要快快快……

“闪婚”后虽然不乏幸福的夫妻，但也有些夫妻婚后不久，便以同样闪电般的速度离婚了。据报道，时下迅速离婚的人数在急剧增加，有一对夫妻，早上去结婚，下午就双双走上了离婚的法庭。这让我们不禁怀疑，如果“闪婚”的结果就是“闪离”，那浪漫甜蜜的快速恋爱与婚姻的牢固程度成正比吗？既然“快”让我们如此无奈，那为什么不能“慢”下来呢？

婚姻应该有如一杯红酒，需要细啜慢饮，才能品出甜美和香醇。正如米兰·昆德拉所说：慢是一种正在失传的乐趣，慢与记忆、快与遗忘之间有着奇特的秘密联系。那么本期，请与我们一起寻找慢婚姻的乐趣。

我们的爱情到底有多快

一个 13 岁的女孩在博客里发了一篇日志，庆祝自己成功“破处”，言辞之间，对于自己如此“高龄”才成为非处女充满了惭愧之情，似乎上对不起师长父母，下辜负了广大异性朋友。13 岁本该属于菁菁校园，然而有越来越多的学生正提前经历着恋爱的滋味，时间不断提前：18 岁、13 岁，还是 10 岁？到了 20 岁生日那天，或许就要盘点自己交往过的那一堆男友，然后历经沧桑地感叹一声：“男人没一个好东西。”

相比较之下，年轻男女见一面或者约会两三回就约到床上去，实在不算什么新闻。年方二八的银行女 J，经人介绍认识了媒体男 D，两人认识后第三次见面就上床了，J 女觉得既然我爱他，就应该以身相许……可似乎 J 女的想法有点儿一厢情愿。D 男在第五次床事之后表示进展得过快了，让他很害怕。J 女好生疑惑：他怎么有点儿反悔的感觉，大概是激情过后对我的条件不是那么满意所致吧？欲放手又觉得不舍得……由此可见，在两人还没有产生亲密感之前，提前上床，反而会阻碍两个人获得心灵上的亲密感，这对那些一心想步入婚姻的男女并没有过多帮助。

同理适用于“闪婚”。本意是没问题的，谁让天雷勾动了地火，咱就看对眼了呢！但精简了太多中间过程，就好比猪八戒吃人参果，由于太着急，一口吞了，什么滋味儿都没咂摸出来，未免让人遗憾。何况婚姻的大跃进，带来的往往都是问题多过甜蜜。今天一冲动，两人手拉手领了结婚证，明天又一冲动，冲到民政局，换了离婚证。看看各大城市居高不下的离婚率，七年之痒变成了五年之痒，甚至三年之痒，“闪婚闪离”者为此贡献不小。

S 和老公就是典型代表。刚认识仨月，就觉得他是自己的 Mr.right，下午两点整，顺利地领了证，可两人的激动和幸福只持续了 6 天。

9 月 10 日，因为装修婚房选地板，吵了一架。最后，老公顺从了 S 的意愿。

9 月 11 日，因为买热水器，又吵了一架，结果不了了之。

9 月 12 日，买冰箱，S 想要海尔，老公坚持新飞。最后，老公顺从了 S 的意愿。

9 月 13 日，因为吵了几天，两个人谁也不理谁，在家憋了一天没出门。

9 月 14 日，矛盾缓和了一点，两人一起去买油烟机。在美的专柜，S 看中了一台美的最新款油烟机，外观非常时尚靓丽，价格也不是太贵，S 坚持要买。但是老公坚决不要，“你又不会做饭，也从来不做饭，买油烟机跟你有啥关系啊？”

离婚！必须离婚！这才几天，誓言通通忘记了，再说，天天吵架这日子还有什么意思？

9 月 15 日上午 10 点，前后不到 5 分钟，S 和老公各自拿到了离婚证书。走出民政局大门那刻，一个向右，一个向左……

在这个一切追求“速食”的时代，你还能期待什么？

观点　我们为什么这么快

“闪婚”是指双方了解不足，欠缺起码的沟通，属于先结婚后恋爱的模式。由此导致的“闪离”不仅挥霍了青春，也伤害了彼此的感情。

其实许多闪婚者并非自愿，他们有些是或优秀或挑剔的剩男剩女，在挑了一圈都没遇到真爱后，很可能屈服于周遭父母、朋友的压力，在旁人的催促下，一咬牙、一跺脚、一闭眼跳入了闪婚的队伍中。尽管面对的可能是一段并不如意的婚姻，但他们懂得自我安慰：“先结了再说，实在不行就离呗。”

另外一种人是迫于生活的压力，因为谈恋爱也会付出高昂的成本，对于大多想结婚的适龄青年来说，恋爱时间越短越划算，结婚才是最终目标。

情感不成熟则是另一种普遍现象。有的年轻人到了三四十岁依然“幼齿”；有的自以为年轻，感情与婚姻可以随意挥霍；有的奉行“今朝有酒今朝醉”，不肯承诺未来；还有的号称“自由、爱情至上”，可实际上却是不负责任、遇挫折快速逃避的借口。

在这群人中，许多都是80后独生子女，在家里各个娇生惯养，他们过分张扬，凡事以自我为中心。因此，在他们冲动结婚背后，更多的是渴望得到对方的爱。等到结婚以后，双方的缺点暴露，彼此互不相让，导致矛盾重重。这样的感情，一旦过了生化反应期，很快就会因淡而无味、相互失望、厌倦、指责而以破裂告终。

此外，我们的时代太过浮躁，爱情与婚姻物质化倾向严重，似乎可以用金钱去量化它们的好与坏。人们个个急着追求和评价好坏结果，以便快速决断和行动，但却不再注重过程，忽略了那些不可量化的情感品质和生活点滴。其实，一段糟糕的感情或婚姻，大家只看到眼前的恶果想尽快结束，却不曾去想是没有好好花时间种下美好的因啊！

这样缺乏思考和恋爱过程的婚姻本身就欠缺感情基础，以至于他们只能追悔莫及：结婚了才知道女友曾流产过；喜帖都发出去了，才知道他曾结过两次婚……很多人由此感叹：“闪婚闪离不是我的错，是这时代变化快。”

既然改变不了时代，那我们就来改变一下自我。来一场慢婚姻，一起寻找慢的乐趣。

来一场慢婚姻又如何

名词解释：慢婚姻

慢婚姻并不意味着时间的长短，太快或者太慢都有可能导致婚姻的疲惫。我们所倡导的慢婚姻，是指在浮躁的社会中，不要急功近利过度追求外在的东西，给婚姻、家庭以足够的关注；而在婚姻之中也给彼此多一些时间、多一点空间，懂得欣赏、包容和赞美对方。在遇到重大抉择时，慢一点做出选择，慢慢恋爱，好好培养感情。

幸福与快无关

讲述人：陈静 30岁 婚龄3年

自从老公升职为客户总监后，实在太忙了。

早上7点，我早已准备好早餐，他却从我手中抢过公文包，“快点，来不及吃早饭了。”匆匆忙忙地赶着上班去了。

下班前我给他打电话，他不是在开会，就是正在通话中，好不容易接通了，他急吼吼地说：“快点说，我在忙。”我停顿了两秒钟，他那边就“吧嗒”一声挂了。

也许是工作压力太大的缘故，老公的性子越来越急躁，走路风风火火，看谁都不顺眼。有时我在收拾茶几，挡住了他看电视，他就会很不耐烦地说：“你动作怎么那么慢，你要是我手下，早把你开了。”说得我满腹委屈。

那一晚，我特别难过。回想结婚这两年来，他升职加薪，工资从3000升到了两万，工作时间也从8小时变成了12小时，天天加班，还经常出差十天半月的，让我夜夜独守空房，想跟他一起吃个饭还要“预约排号”。这样的日子真难熬。

我跟老公抗议过，可他却反问我：“难道你要我辞职？那每月6000元的房贷谁来还？什么时候才能买上车？什么时候才能为孩子打好物质基础？”

我无语了，为了房子，老公像个陀螺一样加班工作，把我们夫妻的相处时间越挤越少。我从来都不希望老公飞黄腾达、腰缠万贯，只希望我们的钱够用就好，然后有时间坐在房子里，一家人幸福地相守。

我和老公认真地谈了一次，向他吐露了我的心声，最终说服了老公，老公换了一份朝九晚五、月薪7000元的工作，加上我的工资5000元，足够我们过最简单的生活了。

虽然我们现在的生活质量有所下降，一切都要算计着花，但我却感到很满足。能够每天与老公一起吃晚饭，周末一起去超市买菜、散散步，生活虽然简单平淡，对我来说，就是莫大的幸福。

最重要的是，在一起的时间多了，之前一直都没孩子的我终于怀孕了。

点　评

很多人会把钱和物质放到第一位，简单地将其等同于幸福或把它当作实现幸福的绝对前提。

陈静老公开始就是如此，在房贷的巨大压力之下，天天想着如何升职、拼命赚钱，对物质的欲望越来越强烈。到最后，最不快乐的反而是他自己，脾气急躁，看谁都不顺眼，以至于这份急躁的情绪也传染到了陈静身上，夫妻感情每况愈下。

幸运的是，他们最终勇敢地放弃了对物质的过分追逐，挣脱了它的束缚，重新赢得了对生活的掌控。

所以，丢弃那些欲壑难填的物欲吧！和所爱的人一起活在当下，享受每一天，才是幸福的正道。

重温慢慢爱的时光

讲述人：张美然 27岁　婚龄2年

我和老公属于闪婚一族，虽然在父母看来，这速度够吓人的——从认识到上床到结婚只用了1个月。但对我们来说，既然一见钟情就不会拖拖拉拉。

可能是太快走完了婚姻的所有过程，渐渐有了左手摸右手的感觉。有一次，我穿着有些暴露的睡衣勾住老公的脖子，老公毫无反应；我又用嘴蹭了蹭他的脸，他居然还是毫无反应！我生气了，一定要他说那三个字。他却总是顾左右而言他，急了就说："都老夫老妻了，还说这些干什么？"我恼羞成怒地质问他："当初的感觉都去哪儿了？"

看着我的眼泪在闪烁，他不好意思地回忆当初的点滴，暗自感叹："是的，那时候的甜蜜怎么这么快就过去了呢？"

我们决定重新恋爱一次，要慢慢体味恋爱的感觉。

上班前，我们亲吻对方、拥抱道别；逛街时，我们牵着手，并排走；他出差时，我们不再通电话，而是每天发10条问候短信；心中有什么甜言蜜语都要写在小纸条上，悄悄塞在对方的钱包中，等他慢慢发现；就连做爱的周期也延长，不再是食之无味的例行公事，而是用矜持一点点勾起对方的欲望……

一周下来，我们都觉得重返初恋生活是如此甜蜜，夫妻感情也更好了。曾经，琐碎的生活让我们越发不懂得体谅对方，在外面所遭受的不如意都喜欢在家里抱怨，肆意享受对方的忍耐。日积月累，岁月冲淡了我们的深情。而现在，这些亲昵的动作让我们发现：我们都需要对方的温情和鼓励。

相爱，是一件多么美好的事情。我们终于补上了恋爱这一课，从前那些快乐的日子，像风儿一样慢慢袭过，最终停留在我们的心底。我跟老公约定，即使再过30年，我们还会像现在这样亲密。

点 评

记得洪晃曾说过：老一辈人谈恋爱，手还没有牵到，但心里早已浓情蜜意；而如今的年轻人就算脱光了在床上打滚，也未必会有"心动"的感觉。就如张美然这对闪婚的小夫妻，从相识到步入婚姻，从牵手到上床，一个月就搞定了。痛快倒是痛快，可是痛快过后却是乏味和虚空。

有些年轻人追求想爱就爱，喜欢就要说就要做，爱上就要马上得到全部。他们的急躁心理该少了多少美妙的感觉啊！有人说婚姻之所以走得长久，靠的就是之前美妙回味的积累。认识半年才牵上手，也许当时觉得那种等待、盼望是何等煎熬，但是多年以后两人回想往事，心中会涌起多少感慨和甜蜜呢？这种甜蜜的回忆越多，两个人的婚姻越有滋味、走得越长久，不是吗？

如果你也是闪婚一族，没关系，从今天开始，重新谈一场慢慢的恋爱，积攒属于你们两个人的美妙回忆。

给对方成长的时间

讲述人：李甜 38 岁　婚龄 10 年

女人在婚姻中最怕的，估计就是遇到“巨婴”老公，永远像个没断奶的小孩一样跟在他妈屁股后面，嘴里整天念叨的就是“我妈说了”。我老公就是这样，永远把他妈说的话当成圣旨。

自从婆婆搬来住之后，我似乎越看老公越不顺眼，他生活中不思进取，又没有主见。有一次，已经晚上 10 点多了，婆婆居然让我儿子陪着她一起看韩剧，以至于学校布置的作业也没有完成。我当时对儿子发火，婆婆帮腔，老公在一边帮着数落我的不是。回房后，我越想越委屈，又跟他吵了起来，说到气头处我提出了离婚：“这日子实在没法过了，跟你们这对母子在一起，我估计要短命 10 年。”

老公始终一言不发。最后，他来一句：“过两天再说吧！”

日子就这样在吵闹中度过，每次我出离愤怒地闹离婚，可每次都被他冷淡处理。后来连我都说得底气不足，看来这婚一时半会儿是离不了了。

心平气和下来，我居然看到了老公的细小变化：比如他现在会看杂志上的育儿文章，而且看得很仔细，渐渐地，他就辨别出了婆婆的很多做法并非绝对好。他不再对婆婆唯命是从，看到我跟婆婆闹矛盾，会在背后安慰我：“她是老人，你要多担待。”说真的，有这句话，我就够了。

与此同时，我发现自己也在慢慢改变，不再当面指责婆婆，而是用开玩笑的方式调侃一下。晚上，我也会和老公开场“卧谈会”，谈谈彼此的想法。

虽然老公还是那个本分守旧、不会讨好我、也不懂得体贴的死板男人，但从另一方面，他踏实，有责任感、有孝心，这些都是难能可贵的品质。回想起这几年的生活，我真的很庆幸，当初没有一棍子把老公打死。因为时间的磨砺会让男人成长，也会让女人逐步改变对男人的看法。

点　评

李甜用几年的婚姻生活悟出了人生的大道理，爱情、婚姻和人的成长都需要时间来磨砺。说出来这是多么平凡而质朴无华的感悟，好像人人都知道似的，没什么稀奇。殊不知，人生大道多为至简，差别只在于是否真的践行。

李甜一开始也是“被成长”的，原本她也很直接干脆，婆媳不和、吵架、生气、闹离婚样样俱全，幸亏她的老公是个慢性子，每次都采取拖延战术，没有将离婚弄假成真。不过，这只能算是运气吧。真正难能可贵和决定性的因素是李甜具备自我反思的能力，她在遭遇婚姻的小沟小坎后能够主动调整自己，改变视角，学会欣赏、包容、有耐心和感恩，而不是停留在一味的抱怨上。其实，给对方改变的时间和空间，同时就意味着给自己机会和可能性。

种瓜得瓜，种豆得豆，两个人在不断努力下，终于收获了各自的成长和家庭的和谐。

那首老歌是慢婚姻的最好诠释：我能想到最浪漫的事，就是和你一起慢慢变老，一路上收藏点点滴滴的欢笑，留到以后坐着摇椅慢慢聊；我能想到最浪漫的事，就是和你一起慢慢变老，直到我们老得哪儿也去不了，你还依然把我当成手心里的宝……

或许我们每个人爱的方式不一样，但无论怎样，请相信只要我们心中有爱，无论结婚是一年、两年，还是10年，也要与你爱的人度过每一天、每一分、每一秒。就像恋爱时那样努力爱、用心爱、珍惜爱，慢慢体验每个瞬间，那么，你一定会体会到慢婚姻的幸福。因为我们的爱需要时间来成全，而等待，是婚姻的另一种幸福。

专家给出的6条慢婚姻建议

如果你们的婚姻已经被琐碎蒙上了灰尘，不妨试试婚姻专家带给我们的以下建议，放慢生活的节奏，好好培养感情。

平衡自己的心态

欲望减下来，心态自平和；心态慢下来，健康升上去。当你拥有这些心态后，会渐渐平衡你的婚姻生活，在平常、平淡中体验婚姻幸福。

别轻易说离婚

离婚的话不要轻易说出口，万一说出口了也不要轻易当真。“拖延”和“遗忘”是两个应对不想真离婚的妙招。如果真的决定离婚，也不要冲动，而是先分居一段时间，让彼此冷静。

多一点宽容少一点任性

多一点宽容，少一点任性，说话办事讲究“三思而后行”。如果你能怀着一颗感恩的心，善待自己和家人，慢慢的，你会发觉他（她）出乎意料的好。

给对方成长的时间

一个成功男人背后，总有一个智慧的女人。别总是抱怨对方，而是要靠自己的努力潜移默化、智慧引导，渐渐地，你会发现，再“差劲”的老公假以时日，也会长成可以依靠的参天大树。

放慢性爱的速度

尽管在最后一刻的感觉是相同的，但慢节奏的性爱的确可以让彼此更兴奋，也会留下更加深刻的记忆。男人容易火急火燎，把性爱时间弄得短之又短；女人生育后则容易难以投入，应付了事。大家要同心协力一起慢下来，让性爱不褪色。

放大婚姻的美好

有目标、追求上进固然好，但千万不要忽略生活的全景，要学会慢慢享受、品味，放大情感与婚姻中各种美好与温暖的过程。

讲理先生 VS 不讲理太太

文/候文君

人们常说有理走遍天下，可从心理学的角度来看，这句话在一个地方行不通，那就是在婚姻里！

李燕和高天吵着架就进了咨询中心，助理闹不清楚他们是怎么回事，又怕打扰了其他咨询者，就先把他们请进了一间咨询室里。

我隔着门就听到了他们的争吵声：

李燕："你别说了，你别跟我说话！"

高天："哎呀，你这人怎么就是不讲理呢？这话一到你这儿就说不通了！"

李燕："哼，我不讲理，就你正确成了吧，你是天下第一对！"

高天："谁说我都正确了，咱这不是分析嘛，什么事总得讲理吧？你总是断章取义，完全跟你说不通嘛！"

李燕："说不通你别跟我说啊！谁求着你跟我说啦！"

高天："得，算我多事！跟你，我也没话可讲了！"

趁着这一小段停歇，我敲敲门走了进去。

夫妻俩各自憋着气，谁也不理谁了。我坐到他们对面，问了一个很简单但却很有效的问题："我是你们的心理咨询师，请问你们谁先咨询？"

两个人迅速指向对方："他/她！"

"好，我再问一次，你们谁先做咨询？"

两人互瞄了一眼，几乎同时说："我。"

很好，至少他们的僵持打破了，波动意味着改变的可能，很不错的开始！

这次我没有说话，只是微笑着望着他们。我仍然希望用沉默搅动他们之间的互动。

终于高天望了李燕一眼："我吧……"又望了望李燕，"嗯？"

李燕虽然没说话，但也没反对。

胡搅蛮缠，他和她有理说不清

高天一走进咨询室就长长叹了口气，满脸的疲倦和无可奈何。

"我们结婚这么些年了。其实要说感情呢一直都还不错，就是无法沟通，你一跟她说什么事，就难了去了，准是驴唇不对马嘴。你说东，她说西，你说得对，她偏不按你的来，你能怎么样？真是有理讲不清。现在我就少跟她讲话，我们还少点矛盾，要不然一天就是吵不完的架。

"就拿今天这事说吧，他们单位给她调了一个新职位，实际上，有点明升暗降的意思。说实话，在社会上谁都会遇到这样那样的委屈事，你要全把这当回事，那就没法过了。我就跟她讲这个道理，让她想开点，告诉她也许在新职位上还能遇到新机遇，心态总要调整好嘛。再说了，孩子就要考大学了，换个轻松的岗位，也可以多照顾照顾孩子、照顾照顾家。虽然这几年我的事业发展不太大，但收入稳定、家里也不愁吃穿，而且李燕和孩子都能高高兴兴的，我也就满足了。这不是个正理吗?”

“可偏偏跟她说不通，一说她还急，说事情没摊在我头上，我当然不难受，还说我站着说话不腰疼。而且只要我一提到照顾家，她就说我自私，说我想把她拴在家里伺候我。这都哪儿跟哪儿啊！没办法，我觉得什么都不能说！唉，这日子怎么就过到这般地步了……”

束手无策的高天陷入了沉默。

相信听了这席话的人，都会对李燕形成一个类似的认知：这个妻子有些胡搅蛮缠、不容易沟通、听不出好赖话，等等。

然而，任何一个家庭治疗最应该避免的，就是仓促地认同家庭成员中的一方；保持一个观察者的位置，对咨询师来说有时候是非常重要的。因此，我首先给予高天一定的理解和同情，引导他跳出事实描述，以便表达自己的内心感受。

刚开始我们进行得很困难。当我问：“妻子说你站着说话不腰疼，你什么感受呢?”

高天皱着眉说：“这话就说得不讲理！我怎么站着说话不腰疼了？我自己也经历过这种事啊，我不也挺过来了吗？怎么就她一肚子委屈。她不高兴、闹脾气有什么用呢？事实就是事实。人要面对现实，成年人就得有这种自我控制能力。再说了，山穷水尽疑无路，柳暗花明又一村啊！可我说这些，她根本听不进去!”

这一大通话，看似有理有据，却不是我要问的答案，于是，我再一次问道：“等一下，请你听清我的问题，我在问，你妻子这样说，你听了什么感受?”

高天有些迷惑了：“感受？我就是这样感觉的啊?”

仿佛若有所思，高天试着再一次表达：“嗯，她说我站着说话不腰疼，我特无奈……”

“好，无奈是你内心的感受了!”

“我……我特想说她不识好人心。”高天琢磨了许久，有些不好意思，仍然用老模式说了自己的意思。

我并没有责怪之类的反应，因为这个训练的过程在咨询中是非常必要也非常重要的，同时会是一个不断引导、反复试练的过程，一个学习的过程。咨询师既不能放弃，也必须拿出足够的耐心。

“没关系，现在我们一起来体会，是什么情绪使得你想说妻子不识好人心？”

“我的关心，她不能理解，是吧？”高天边说边向我求证，“有点失落，还有点着急。我想帮她，可她不理解，我就着急了。”

我笑着点点头。

终于表达出自己情绪的高天显得松了一口气，之后，他陷入了一阵思考的沉默。我没有打扰他，这是一个突破的关键时刻。

“其实，我心里还是渴望能和妻子有一个亲密关系的，只是，我理清自己的感受都这么困难，那么理解妻子的可能会更难。”

“你习惯用讲道理的模式来跟妻子相处，我想问，在你的生活中，有谁会用讲道理的模式来跟你相处？”

听了我的话，高天使劲儿想了很久：“你这样一问我才发现，生活中我好像总是在跟别人讲道理，不仅仅是对妻子。而跟我讲道理的只有一个人，那就是我父亲，他从小跟我说什么都是用讲道理的形式。”

“当父亲跟你讲道理的时候，你的感受如何呢？”至此我终于找到了可以问关键性问题的契机。

而听了我的问话，高天面色有了明显的变化：“我特烦，觉得就是在指责我！”这样的体会促使高天开始重新思考夫妻关系。

头头是道，她与他无法交流情感

与李燕的咨询其实是和高天的咨询交替进行的。这也使得我能够收集全面的资料，并且在互动中作及时的调整。

在这个案例里，李燕几乎是站在了高天的对面。

“我跟他生活太难受了，你说哪对夫妻在一起不唠个嗑说个话啊，可我跟他就没办法说话。你一说点啥，他就开始给你讲道理，好像你啥都不懂似的。有时候心烦了，想和他说说，那更了不得，他就直接给你分析上了，说这点做得不对、那点做得不合理！我是傻子啊，我自己不知道吗！我跟他说：‘难道是为了听你给我讲道理啊，你就不能说点我想听的。’我感到看见他，就好像看见一本道理大全似的，他根本不用准备，说话就一套一套的。可是，我心里就跟掉到冰窟窿里似的，瓦凉！

“这次我实在是忍不了了，所以来咨询。我最近遇到点事，工作本来做得好好的，却突然就把我调走了，表面上好像还挺风光，可我心里有苦说不出，所以只能回家跟自己的丈夫说道说道。谁知道跟他说还不如不说，我刚开了个头，他的大道理就来了，说我应该乐观，可我能乐观得了吗？我要是有好心态，还用得着跟他说？我就是想让他理解理解我，可他倒挺乐观，说我这回可以有时间在家里伺候他们爷俩了！难道我是老妈子吗，我的事业就不是事业啊！就他这样，我哪儿敢依靠他生活，要真花了他的钱，他还不得可劲儿使唤我，人都是自私的！”

李燕似乎已经完全愤怒了，我发现和不善表达情感的高天不同，李燕更容易把许多情绪混乱地粘连在一起，最终得出一个与事实不符的结论。就像刚才这样，把高天不恰当的开解话语，最终归结到了“人都是自私的”结论上。而这种结论是真正具有伤害性的。

因此，就像为高天培训情感表达一样，我需要为李燕补充一些理智的控制。

“在你心里，期望高天说些什么呢？”

“嗯，比如说……”李燕发现还挺难想象的，因为两个人在固有的模式里已经太久了，跳出来时有些困难。

当然，我仍然会坚持让她去做。

李燕也很积极地努力着：“就是说我心里的话！我觉得愤怒，觉得被不公平对待很委屈，希望他能了解我的感受。”

“好，那么你的想法，告诉他了吗？”

“啊？！”被我的问题轰炸到，李燕一时没有反应过来，或者说这个问题从来没有进入过她的大脑。“他……他是我丈夫，他还不知道？”当她找回一些感受，立刻开始反驳我。

“那你丈夫为什么总是讲道理，你知道吗？”

李燕摇摇头：“也许是他有问题啊！”

“那，你是他的妻子，他有没有问题，你应该知道啊！”为了让李燕意识到自己的问题所在，我努力使自己成为一面镜子，希望她能通过我看到她自己。

果然，这次李燕没有很快接话。她微垂着头，默默思考着：“你是说其实他不知道我需要什么。”

我点点头：“所以他按照自己的设想作出了回应。”

“我一直觉得他好像总是在批评我，所以心里就特别不舒服。嗯，我现在突然有一个感觉……”

“什么感觉？”我期待着她的回答，这意味着我的咨询是否有效。

“他可能也是想要关心我、劝慰我，不过，他的话让人想发火。”

太好了，能有这样一个自知，我终于看到了这次咨询的希望。李燕更进一步说：“那我们这些年的矛盾不是太冤枉了吗？”这样说着，脸上已经露出了松弛后的笑容。

而我从这笑容中清晰地感受到李燕愿意改变的动力。

幸福良方，家里讲理不如通情

做好了双方各自的调整，我意识到是该做一次家庭治疗了。

可以感受到的是，这一段咨询历程使得他们之间已经有了一些交流，因此，坐在我面前的两个人既没有剑拔弩张，也没有尴尬无措，反而是一种带着期待的心情。这真让我高兴。

不过，说到具体以后该如何建立一个新的模式，两个人又向我表达了迷惑，冰冻三尺非一日之寒，模式的改变需要当事人付出足够的努力才可以。

我想，在问题层面的沟通应该是第一步，于是我将一个团体咨询中的游戏应用在这个咨询中。

首先，我发给了他们一人一张白色的A4纸，然后要求他们闭上双眼，按照我的话来做。

我的指导语是这样的："现在，请把你手中的纸对折，再对折，在左下角撕下一个三角，再将纸对折，在右下角撕下一个扇形，继续对折一次，在右上角撕下一个圆。"

"好了，现在请你们睁开眼，打开你们手中剩下的纸，互相比较一下。"

李燕和高天将两张有窟窿的纸放在一起，结果一目了然，完全相同的两张纸，在完全相同的指导语下，却被撕成了完全不同的结果。

夫妻二人沉默了。完全一样的前提，却得到了千差万别的结果，不能说不让人诧异。

"人家老师不是说左上角吗？你怎么撕在这里了？"李燕比较着两个人的结果。

一向理性的高天，紧皱着眉头，说："我当时是这样拿的，当然这里就是左上角。"

"哦。"李燕想了想，确实不能说丈夫是错的。

"你看，咱俩开始还是一样的，可越到后来就差得越远了。"

"真是啊！"李燕也在琢磨着到底是怎么回事。看他们俩有点愣神儿，我不失时机地点拨道："每一个个体都是不尽相同的，按照同样的指令撕出来的纸会有不同的图案，同样对一件事情的理解与处理方式也会有各自的角度，你们说呢？"

这时李燕似乎突然有了觉悟："其实你看我不高兴，也是想劝劝我的，只不过你讲的道理，我都听成了教训。”

高天被妻子的话感动了：“我现在能更多地体会你的心情了。你心里难受，我应该安慰你才对，可我一着急，就开始给你分析情况、摆道理。”

“是啊，其实我们的心是往一块想的，可惜没对上，徒增了许多烦恼。唉，真是冤枉。”

高天握着妻子的手，说：“不经历这些，我们也不会走进咨询室，以后，我们好好过不就行了吗?”

李燕含泪点着头。

“非常棒的一次沟通!”看到这些，我立刻给予及时的肯定和鼓励，同时继续引导，“就像我在和你们的单独咨询中做的，心理咨询不仅是一个寻找问题、分析问题的过程，更重要的是咨询过程中会结合实际做大量的练习，这样我们才能真正达成现实中的改变。”

两个深有体会的人点点头。于是，我们在咨询室里做了一次心理剧式的演练，中心事件仍然以李燕调职为例。我要求李燕和高天互换角色，即高天来扮演李燕，李燕来扮演高天，这个过程将帮助他们更进一步了解彼此的心意。

高天：“唉，这次调工作我真是心烦，跟别人也不能说，只能跟你说，我真需要有个人能理解我现在的感受啊!”

李燕：“我知道，你心情肯定不好，你是不是觉得特别不公平啊？我看到你这么多年为这个工作付出了很多，现在却是这样，你一定挺寒心的，我也替你委屈。不过，你不要太难受，还有我在不是吗？我陪你一起共同度过!”

……

对话就这样继续着，虽然扮演着对方的角色，我却不时地看到他们脸上露出恍然大悟的表情，他们一定在想：原来他（她）是想我这样说啊！有趣的是，在这种顺畅的沟通模式里，他们彼此的体谅更多了，道理却不见了踪影。

相信经过这样的磨炼，这对冤家夫妻会迎来幸福的生活。

tips

沟通秘诀

1. 成功的沟通重情不重理

像李燕和高天这样的磕绊夫妻，相信生活中并不少见，很多丈夫都有过这样的困惑：如何与妻子进行沟通。当然，在一些家庭中也存在相反的情况：妻子偏重理性，而丈夫渴望情感沟通。

通过这个案例，我们可以发现，沟通实在是一件重情不重理的事情。不妨试想一下，如果夫妻中有一方是常有理，而另外一方却总是处于被动无理的状态，该是一件多么难受的事。当他（她）如此难受的时候，你又怎么能期望自己的大道理被对方接纳呢？

2. 幸福的家庭讲理不如通情

当一方不断用"道理"的尺子衡量另一方时，就阻断了情感的沟通，相信任何人都不会认为维系家庭的纽带是讲道理。既然情感是维系家庭的重要因素，那么没有情感沟通的家庭当然不会产生幸福感。

忠告各位"常有理"，也许只有当你不再讲理的那一天，对方才会开始接纳你的道理，因为你抛开道理开始情感沟通时，对方才会感受到你是柔软的、温暖的、活生生的、可以交流的。

Chapter 02

爱情的 101 种滋味

林清玄：生生世世与君同

文 / 王小艾

佛说，前世的五百次回眸才换回今生的擦肩而过。

而经历肌肤之亲姻缘之旅的你我，唯有珍惜爱践行爱，才不会辜负彼此的生命。

林清玄是台湾作家中最高产、获得各类文学奖最多的一位，出版过一百多部著作。

在接受本刊记者采访当天，林清玄穿着白色的西式衬衣，套着中式的黑色背心，颇具仙风道骨之感。年近六旬的他，目光睿智、语速舒缓、妙语连珠，常常穿插着幽默风趣的调侃，让人觉得可敬又可亲。伴着窗外静寂的雪，记者倾听了林清玄关于爱和生命的精妙见解。“爱情是天边的彩霞，婚姻是脚边的玫瑰。”通常我们将爱情定位得比较高，令人向往，为了追彩霞我们常常踩烂了玫瑰。如果可以坐在玫瑰花圃里面欣赏天边的彩霞，岂不更美好？但这需要永远不失去那种浪漫的心，那种为爱创造的情怀。

纵有才名贯江东，生生世世与君同

林清玄和太太方淳珍的婚姻状态是：日日都缠绵，天天都要表达爱。每天出门前一定要拥抱，回来时也要拥抱，在街上走时还要手牵手。

“你要表达你对她的感情，每天都要表达。因为感情是很奇特的东西，你不表达就会慢慢变淡。你要表达你的浓情蜜意，这种表达不只是牵手拥抱这样的事，而是更多地花心思去想能为对方做些什么。”

有时，方淳珍并没有要求他为自己做什么，但她只是一个揉肩这样的小举动，都会被林清玄捕捉到。他会体贴地问：“太太，你是不是累了？我给你捶捶肩吧。”

每一天，林清玄都会想为妻子做一些浪漫的事。有一次，方淳珍的手表忽然坏掉。林清玄不动声色，偷偷跑到钟表店，选了一款名叫“绮年华”的表。在将手表送给太太时，他特意在卡上附一句“希望你永远拥有美丽的年华”。生活中，他经常用心去找寻表达自己感情的契机，让太太很感动。

数日前，林清玄到宁波演讲。宁波是中国的江东，令他不禁想起一段旧事。

在遇到现任妻子方淳珍后，林清玄才明白之前的婚姻是错误的。于是，他和分居多年的前妻离婚，选择忠于内心的感情。名人的婚变总会引起很大的社会反响，导致很多人对他口诛笔伐。但林清玄觉得一个人一辈子难得碰上一次真爱，碰不上就只能在黑暗中孤独地生存；碰上了，就不该把真爱放走。方淳珍也顶着各方压力，对他不离不弃。两人结婚时，简朴到没有钻戒和婚礼，只有林清玄送的一张求婚卡，上面写道：“纵有才名贯江东，生生世世与君同。”

因缘起合，如今林清玄漫步在江东，距离当时已有十多年的光阴，但彼时的情怀却清晰如初。触景生情，林清玄给太太发了一条短信：“我现在就在江东，想到最初求婚的情景，特别地想你。”

“浪漫就是慢慢浪费时间，慢慢吃饭。很多人在恋爱的时候都很用心，但走进婚姻中却连一起吃饭的时间都没有，更别说去创造惊喜了。原本是合适的人，但因为没有珍惜，没有去维系，婚姻就不会长久。”因早已悟透，所以林清玄时刻懂得去表达他的爱。他们结婚14年，却依然保持着最初的甜蜜。

“你千辛万苦才找到一个对的人，一个与自己的身、心、灵都有默契的人。时间上也恰恰好，彼此又都是自由身，我把这叫做‘三生有幸’。如果你可以低头就能让婚姻变好，为什么不去做呢？只是通常人会意气用事。如果你想想自己千辛万苦才遇到这个人，就不会那么去做了。”

三生有幸才相遇，对她低头又何妨

两人偶有争吵，都是林清玄让步。

在采访时，他像个孩子般“哈哈”笑着说：“即使心里没觉得太太做得对，但态度上一定要让她觉得自己做得对。”

如果他希望事情能按自己的想法去做，不会立即否定太太的观点，而是认真地倾听完太太的话，先给她一些赞美，再十分温柔地提出自己的想法：“老婆，这件事你真的做得很好，你想得很周到，但如果……可能会更圆满一点儿。”林清玄不直接反驳太太，而是提出各种建议。这样委婉的方式，太太也能够接受。

跟太太生气时，林清玄会写谨记箴言“不存隔夜之气”，在晚上睡觉时一定会向太太道歉。每天晚上他都要自我检查、自我反省，让甜蜜的关系得以保持。

当教育孩子出现分歧时，林清玄会贯彻“太太永远都是对的”这一原则，对方淳珍说：“好吧，那就听你的。”但私底下，他会悄悄跟孩子们说：“等妈妈不在的时候，我们再去玩。”

一旦有了矛盾，他还会经常去回忆最初两个人在一起的艰辛和甜蜜，用一颗感恩的心去回味。

而对于太太对他的包容，林清玄也十分感激。在他最忙的时候，一年有300场的演讲，有时一连几个月会在不同的国家奔波。他没有时间陪伴孩子，3个小孩都要由太太一个人来照顾。太太全心全意支持他，这需要很大的信任和包容。

有一回，林清玄被邀请单位安排住在北京希尔顿国际大酒店。他用手机把自己住的房间拍下传给家人看。结果小儿子悄悄发短信告诉他，妈妈开玩笑地跟他们说："看看你爸爸在外面吃香喝辣，我却要在家被你们3个小鬼头折磨。"林清玄从太太这句话里听出了她小小的抱怨，当即给太太发了一些抚慰的短信。尽管太太从不当面讲带孩子的不易，但他会时刻给予男人的体恤。

"无论是生活还是婚姻，你都要积极去经营，如果你不积极，你的生命就会暗淡。其实看事情的角度，决定了你人生的方向。任何事情都会有两个角度，选择正面的角度，对你的人生才会有帮助。"这是林清玄由夫妻矛盾上升到人生高度的精辟总结。

"保持婚姻其实很简单，不要让爱淡化，然后互相尊重、互相包容和疼惜。但这还不够，还需要共同去追寻更高的目标，比如使两个人的生活变得更理想，比如将孩子教育成懂得生活的人。"

特质契合，幸福度才更高

"有很多夫妻每天都会说很多话，但彼此却不了解。如果你一开始就是找到和自己完全不同特质的人，那就完全不能促进了解，促进了也没有用，就像我的第一段婚姻。如果特质很相近，只是有一点儿落差，就可以通过不断的沟通，增进了解，找寻共同的目标。"

林清玄和太太有很多相同的特质，都博览群书，喜欢古典文化，对小动物特别有爱心。他和太太经常一起散步，一起看音乐剧，作一些思想上的交流。即使做饭，也一个人炒菜，另一个人打下手，两人一边做家务一边聊天。

当他穿着长袍上街时，她会选择穿合适的服装搭配。他们出门常常被围观，但熟悉的人会觉得他们的气场是如此契合。朋友们都对林清玄说：“你很温柔，但你太太比你更温柔。”有人打电话到他家，就会听见电话那端传来林清玄或太太，用一种温柔的拖长的尾音说：“喂……”现在连孩子也是这样的声调。

林清玄和前妻所生的大儿子，一直跟随他们生活。方淳珍跟大儿子很亲，比林清玄跟他相处得更好。她会替他买电影票，帮他约女朋友。“他们关系这么好，我不会嫉妒的。”在这句调侃话语背后，是他掩饰不了的幸福和感激。林清玄也会时常跟大儿子讲：“阿姨很不容易，她这样照顾你。你现在长大了，要多照顾她。”

因为内心拥有饱满的爱，他们也十分希望能帮到其他人。由太太负责的“林清玄文化基金会”在台湾建图书馆，在大陆建希望小学，帮助贫困孩子上学。他们约定，以后每过一两年，都会回祖国大陆捐赠一所希望小学。

在采访过程中，林清玄也教给记者一种检验情侣是否有爱心的方法：你要检查一个人，就要检查他所有的感情——是否孝顺父母，是否与朋友相处融洽，是否对小动物温柔，是否懂得日月星辰，他对花鸟流水的感受是什么样的。如果你能了解到这些，就大概能知道你和他一起生活后，你会有什么资源，会有多少支持你的力量。如果一个男人一边说爱你，一边把旁边的猫踢开，这样的男人你千万不要选，因为他的感情是不圆融的。

“感情是一棵树，爱是上面开的花。如果树很健全，那它的花一定很多很美。如果上面只有一朵花，那对这个人就要打一个问号。”这也许可以成为恋爱中的人检验情侣的一种方式吧。

“家长要努力唤醒孩子内心爱的种子。每一个孩子都不一样，唤醒的意思不是你制造一个状况给他，而是把他的本质激发出来，从生活的每一个细节来激发。比如教他们怎么去表达自己的感情，激发他们内在的向往等。”

唤醒孩子内心爱的种子

“我对小孩子比较宽容。第一，儿孙自有儿孙福；第二，生命自己会找出路，你不需要管太多，小孩会自己长大的。他不一定要变成什么，但有些能力是要具备的，比如自立，比如表达爱。”比起现在很多家长养育孩子的焦虑来，林清玄显得轻松许多。

每个孩子出生时，林清玄都会做一坛茶，贴上他们的名字藏起来。每到他们的生日，就拿出来一起喝。

每天早上，林清玄都会拥抱孩子：“爸爸很爱你，你要加油哟！”孩子们放学回家，他也会给每人一个拥抱：“你辛苦了！今天有什么事情可以跟我讲吗？”如今 30 岁的大儿子身高已 180 公分，比他高出一头了，林清玄依然每天拥抱他。

除了表达爱，林清玄很注重中国的古典文化对孩子的熏陶，很重视传授给孩子儒家的精髓——孝顺、正心、修身齐家治国平天下。但他不会刻意地让孩子去背“四书五经”，而是从生活点滴中让孩子去体会。比如，他会让孩子们见到长辈要鞠躬问好，一定要问候“您最近身体还好吗”，然后说“伯伯您要注意身体”之类的话。让他们从小就学会跟长辈有很好的互动，懂得尊重人和有孝心。

林清玄也特别强调孩子们对妈妈的孝顺。这里有他小小的“私心”。林清玄微笑着说：“因为我比太太年长 15 岁，可能会早一点离开这个世界，所以孝顺爸爸可能没有孝顺妈妈那么重要。”如此坦率直白的言语令记者有小小的震撼，它饱含了一个男人对妻子的缱绻深情。

小儿子小时，有一次顶撞了妈妈。林清玄就把他叫到一边，问道：“你知道你妈妈是怎么生你的吗？”孩子摇摇头。

林清玄就对儿子细数太太当日生产的情景：“你的妈妈呕吐不已，腰都直不起来，却为了能顺利生下你，来回爬楼梯、散步，折腾了 10 小时，你还是不出来，最后只好选择剖宫产。医生将妈妈的肚子割开，然后在子宫上又割一刀，才把你取出来。最后再将她的子宫缝好，肚子缝好，锋利的钢针在她的身上来回缝了数十针。爸爸在旁边亲眼看着她流了一面盆的血。经过一个月调养，她的身体才好起来。所以你一定要爱你的妈妈。”

儿子一边听着，一边哭泣不已。“你知道你现在应该做什么了吗?”儿子点点头，跑出去抱着妈妈说：“妈妈，对不起!”

每一次方法都不一样，但一定让他们知道妈妈真的很辛苦很伟大。林清玄在大陆期间，每天都会给儿女发短信：“妈妈很辛苦，一定要帮她多做家务。”“抱抱妈妈。”孩子们就会去向妈妈表达他们的爱。这个爱的习惯一旦养成，他们长大了一定会孝顺妈妈，一定会懂得示爱。

不久前，他将小儿子送到寄宿学校上中学。林清玄每星期都会写一封信，交给他带到学校去看。第一封信，是在送儿子到校后。“我离开的时候，看到你们学校百年的凤凰花正在盛开，爸爸心中十分不舍。”然后林清玄说明送他去外县市念书的原因——希望他能养成独立的个性，让他变得有男子气概。

洋洋洒洒的一封信，让儿子很感动，因为他了解了爸爸的内心。这些话可能当面讲比较肉麻、生硬，但这样的方式却能将两人的心连接起来。

如今孩子们都擅长对父母表达感情。在林清玄离开台湾前一天，女儿写了一张卡片送他：“爸爸，我一定会想念你的。虽然我很想念你，但我也会支持你，因为有很多人需要你。”这张小卡片，他随身携带，一有空暇，就翻出来，看着女儿稚嫩的字迹和贴心的话，忍不住笑出声来。

林清玄觉得自己的教育很成功，也许孩子不会功成名就，但却懂得爱，并且会快乐表达感情。

“中国人总是以含蓄为美，但不会表达爱的人，会错过很多美好的情感体味。而不擅长表达爱的人，婚姻往往很难幸福。要学会表达感情，将它变成一种爱的默契，一种习惯。”恋恋不舍地与林清玄告别，他的这句话始终在记者的心中盘旋。这也是该送给每一个人的箴言——让我们的婚姻不再沉默，让我们的爱鲜活起来吧。

罗家英与汪明荃：Only You

文 / 王小艾

在这烟火人间，浮华散去，稳定的家庭、爱人的陪伴才是人生最大的财富。名人如是，凡人更需珍惜。

记忆仿佛还停留在她最初在《京华春梦》《万水千山总是情》里那醉人的笑靥上，时空却早已流转。40年的从业生涯，汪明荃在电影、电视剧、主持等各个行业都大放异彩，见证了演艺圈的变迁。而时间又见证了她的爱情，在众人翘首企盼中，汪明荃与罗家英终于在5月初喜结连理。风风雨雨20载，他们的感情宛如一支绵长婉转的曲子，奏出了最绚丽的乐章。

罗家英至今还深深记得汪明荃第一次亲吻自己的位置——左脸颊的内侧。1988年，他们演出的粤剧《穆桂英大战洪州》在香港大获全胜。最后一场演出时，汪明荃就这样礼节性地亲吻了他一下，感谢过去一年里他亦师亦友的关照。

这温柔一吻，令罗家英心头一颤。最初汪明荃答应一起排练此剧时，就提出一个要求："你不能再有任何的演出，要陪我练功一年。"这份霸气让罗家英见识到了汪明荃的本色。

但恰恰是这份不同于小女人的豪迈和好强，吸引了罗家英，令他愿意和她更进一步交往。在汪明荃眼里，随性的罗家英却不是她的心仪对象。但和他在一起时那种放松和舒畅，令汪明荃觉得如沐春风。

他们交往但不同居，依然保留各自的空间。

有一次罗家英和郭蔼明在横店拍戏，刘青云去探过四五次班，但汪明荃却一次都没去过。罗家英在看到别人夫妻恩爱时，凄凉不已，十分渴望有一颗温柔的心来抚慰自己的孤寂。直率的他忍不住抱怨："莉莎，你能不能温柔点，你看人家多随和、多主动。"而汪明荃虽然也知自己过于刚硬，过于专注工作，但她不愿改变自己。

最终罗家英选择和一位普通女子交往，并订在 1992 年圣诞节结婚。对此，汪明荃真心祝福。然而，随着婚期临近，罗家英内心没有半点儿做新郎的喜悦，只有思念如潮水般将他湮没。夜深人静，他独坐到天明，点点滴滴回忆着过往，发现深爱的人只有汪明荃。最终他取消了婚礼，重新回到了汪明荃身边。

再次相恋，两人都更加谨慎，都绝口不提婚姻。期间，汪明荃希望在政坛上有所作为，参加临时立法会选举。罗家英考虑到如果从政，汪明荃需要稳定的婚姻来维持形象。他借此给自己勇气，默默思忖着：如果汪明荃竞选成功，我就向她求婚。结果汪明荃落选，罗家英当时暗自抚胸道："看来我又逃过一劫。"

就这样，两个深爱不已的人，在婚姻边缘不断徘徊，进退两难。

2002 年，汪明荃突患乳腺癌。罗家英守候在她的身边，悉心照顾。以他特有的幽默和乐观，如缕缕阳光温暖着汪明荃，给了她力量和信心。不久她竟平安出院。

然而世事难料，仿佛为了考验他们，两年后罗家英又被查出患了晚期肝癌。

这个消息如晴天霹雳，令从不落泪的汪明荃潸然泪下。她第一次放下工作，花大量时间来陪伴他。汪明荃握着罗家英的手，轻声说："等你病好了，我们就旅行结婚吧。"她一脸平静，但眼里的那份真挚如星光闪烁，也点燃了罗家英对生活的希望。

最终爱又创造了一个奇迹，他的癌症也完全康复。

彼此搀扶着走过死亡的边缘，两人更看重这段情，害怕伤害到对方，也更惧怕婚姻会成了爱情无形的枷锁。罗家英甚至在博客里写道："我一直安慰自己不结婚也没关系，因为不结婚就不会离婚。"

4月，汪明荃自传性质的舞台剧《真是阿姐——汪明荃》开始演出。汪明荃扮演自己，罗家英扮演家英哥。在一次次排练中，当他们以局外人来审视这段感情时，发现在一点一滴中对方早已融入自己的生命。

终于，爱越过了恐惧，在花甲之年，他们完全将自己交付对方。

20年的相守，等到了花好月圆的结局。汪明荃以不懈的努力展现新女性的自尊自强时，又给众人带来爱的启示：在时间无情的冲刷下，万物都将烟消云散，只有爱能超越一切——战胜绝症，战胜内心的恐惧。

在这烟火人间，浮华散去，稳定的家庭、爱人的陪伴才是人生最大的财富。名人如是，凡人更需珍惜。

袁泉　夏雨：爱是相互成全

文 / 王小艾

爱情就是这样的一种相互成全，用你的50%加上我的50%，才有100%的幸福。

数日前，白衣白裙的夏雨、袁泉回到初恋的母校，拍下珍贵的结婚照。朦胧的光下，袁泉将手伸向镜头，仿佛在轻触幸福。依然光洁的额头，依然无邪的笑靥，而10年的光阴却悄然走过。

他们的婚讯，让无数人长舒一口气，终于看到了完美情侣的完美结局。殊不知，“金童玉女”“爱情楷模”的光环让外界对他们过度关注，风吹草动也会被无限放大，反而成为伤害他们情感的利刃。

在中戏上学时，他们就是备受关注的浪漫恋人。

有一次，一个朋友和他们俩在酒吧喝酒，朋友喝醉了，在迷迷糊糊中，看到了非常唯美的一幕：夏雨与袁泉隔着一张吧桌，相互掰弄着对方的手指玩，像两个天真的孩子，心无城府地说笑着。

其实，11 岁就从湖北老家到北京求学的袁泉，一直特别独立，不习惯跟任何人撒娇。但遇到夏雨后，他的爱给了她一个空间，使袁泉觉得自己的另一个世界打开了，性格也改变了许多。

2003 年 4 月，袁泉排练话剧《赵氏孤儿》时发生意外，导致锁骨断裂。夏雨推掉工作将她接到青岛养伤。当袁泉坐进车里时，发现车上摆满了柔软的枕头。原来，细心的夏雨考虑到车的震动对袁泉不利，就精挑细选了大大小小的枕头，让她可以随便靠着，随便躺着。当发生意外时，袁泉忍受着疼痛没有掉一滴泪，冷静地对大家说："别动我，我骨折了。"而此刻，她的泪却止不住地滴落。

这个酷爱运动、喜欢养稀奇古怪动物的男孩，深深地吸引着袁泉，却也让她饱受煎熬。袁泉喜欢孩子，渴望婚姻。但从 3 岁就遭遇父母离异，被姑姑抚养长大的夏雨，不认为相爱的人就一定要结婚。他总是一再地说："现在不是挺好的吗？除非咱们想要孩子了再结婚吧。婚姻对孩子而言才是最重要的。"

对一个长期漂泊的女孩而言，没有什么能比一个归宿更让她心安。袁泉会笑着对夏雨说："我也就是说说。"但一转身，她听见自己内心孤独的叹息声。

严谨而认真的袁泉，很注意自己的形象，从不给媒体制造负面新闻的机会。而热情外向的夏雨，却常常因为口无遮拦，被媒体曲解他的话语。

从 2004 年开始，媒体捕风捉影地在网上大肆发布夏雨与某神秘女子的交往，夏雨被扣上"花心"的帽子。同样，媒体也没有放过袁泉。这令只想过简单生活的袁泉十分苦恼。无数亲朋好友蜂拥而至的电话，令她更加难堪。自己是信任夏雨的，但任何解释在外人看来都是欲盖弥彰。

袁泉开始变得沉默，她清楚地看到自己和夏雨是如此的不同。于是，她平静地提出彼此分开一段时间。但夜深人静，与夏雨送给自己的小小变色龙聊天时，她才发现自己是如此深爱着这个与众不同的男子。夏雨还是如常地给她电话，随便聊着天，一如既往地关心她。

2005年夏天，彭小莲导演邀请他们俩出演电影《上海伦巴》。在用心说出那些台词时，袁泉仿佛在审阅自己的心声："你会给我时间吗?""你让我等的，我一定会等。""我怕耽误了你。""没有你的日子，才是我生命的耽误。"

没有爱的日子是对生命的耽误。整整10年，他们见证了彼此的青春和成长，更明白坚守的不易和幸福，所以不会轻言放弃。

但媒体依然不依不饶，PS夏雨与某女星的吻照，追踪他与袁泉的闺蜜吃饭约会，散布他与袁泉圈中好友"同居"的绯闻，一次次将她推到风口浪尖。

在一次访谈节目中，袁泉说到感情时，忍不住离席擦拭泪水。但她在夏雨面前，不再谈及结婚，不再只顾及自己的感受而去要求他。

她成全他去做自己，保持自己的个性，哪怕会给自己带来伤害；而夏雨看着她一点点憔悴，心痛不已。日趋成熟的他，终于牵着袁泉的手勇敢地走进了婚姻，成全了彼此的幸福。

爱情就是这样的一种相互成全，学会各退一步，用你的50%加上我的50%，才有100%的幸福。

纠结当道上哪儿找一个平常心

文 / 徐静

不知从何时开始，“纠结”成了我们的口头禅。

我们的内心时常对很多事纠结不已，而生活也因此变得凌乱不堪……

难道我们总要在纠结中难以自拔

拖着疲惫的脚步，何颖总算到了家门口，顺了顺额头上的“川”字纹，整理了一下心绪，拿出钥匙准备开门。忽然手机响了起来，电话里死党蒙蒙一直问她：“好纠结啊！到底要不要结婚呢？我还想再等两年，可是现在这么好的男人打着灯笼也找不到了，又不想放弃他，该怎么办呢？”

何颖刚平顺的“川”字纹又爬了上来，挂上电话只觉得一阵头痛：纠结、纠结，论起纠结，我可比你还纠结呢！这纠结是不是会传染啊？

正想着门已然打开了，老公穿着围裙，笑眯眯地说：“老婆，回来啦！”

吃饭时，何颖累得脑子好像僵住了一样不能思考，只听着老公有一句没一句地讲着，突然她听到一句清晰的问话：“小颖，咱们要个孩子好不好?”

孩子？这个何颖差点遗忘的生活重要事件，让她的脑子僵化得更厉害了。

躺在床上，听见老公微微的鼾声，何颖怎么也睡不着。想起白天发生的事，她只觉得心头如乱麻般全绞在了一起：在这家公司干了4年多，也算是老员工了，可今天老板却因一件工作上的小事当着部门所有同事的面对她大声训斥，还直接拿她和新员工比较，说她连他们都不如。真是又冤枉又生气，当时真想甩手不干了。可想到公司最近打算提升部门里的人做主管，何颖觉得自己机会最大，舍不得这时候走。不过被老板这么一骂，她心里这小鼓打得“砰砰”直响。就在这思来想去的纠结心情里，何颖觉得眼皮越来越重了……

隔天一大早，何颖起来做好早餐。看见老公还像个孩子似的赖床，何颖不禁摇摇头：“还说想要孩子呢，这会儿自己就是个孩子嘛。”

孰料，迷糊中的老公马上挣扎着爬起来，大声抗议：“我才不是孩子，我是孩子他爸。”

看着老公满脸的憧憬，何颖真不忍心打击他。可是她真的还没有准备好，再说现在每天在公司都忙得焦头烂额，怎么能安心养个孩子呢？何颖带着一颗焦躁不安的心急忙离开了家。

一进公司就看见老板阴郁的脸庞，何颖只觉得头上阴云笼罩，难道我又哪里做错啦？看看自己显示器上醒目的“辞职信”三个大字，她只觉得进退两难，不知道自己的脚应该迈向何方。

纠结也是人生的体验

华灯初上，何颖不知不觉放慢了回家的脚步，想起老公期待的眼神，竟然有点儿惧怕。注视着穿梭来往的车辆、闪烁的灯光、永不休止的城市夜晚，何颖感受到了自己的挣扎与迷茫、绝望无助和一颗不知方向的心。

回到家已经快12点了，老公焦急的眼神和紧张的神情，让何颖顿时觉得心头一紧眼眶一热，忽地就扑向了老公。老公这边也吓坏了，赶紧抱着何颖安慰起来：“怎么了？老婆，怎么哭了？”

何颖觉得有好多想说的话，可到了嘴边却又不知该说什么。于是在老公的安抚下，何颖洗完澡就上床了。可能是哭累了，何颖睡得特别安稳。

清早醒来，何颖发现已经8点半了，正激动地要起床上班，看到老公拿着锅铲走过来：“醒啦，亲爱的。今天是星期六，多睡会儿，早餐好了我叫你。”

这时，何颖才发现，原来是星期六。天哪，最近她太紧张了。

看着老公忙碌的身影，何颖突然觉得自己很幸福。她走到老公身后扒住他的脖子，轻声说道：“如果我突然没工作了，你会不会怪我？”

“怎么会呢？我巴不得你成天在家增加我当爸爸的概率，嘿嘿。”

“人家说真的呢！”

“我也说真的！还有老婆，不管你有什么难题，别忘了老公在这儿呢，我可是绝对会帮你的。”

听到这话，何颖把最近工作的不顺和离职的想法一股脑儿倒了出来。当老公认真思考这些问题时，何颖觉得舒了好大一口气，心中那份纠结好像也松快了不少。

听着老公悉心又理性的分析，何颖觉得很有道理。公司现在正处在冲刺阶段，但自己最近确实有些懒散了，而且自己确实喜爱这份工作，有着很深的情感。何颖思索着下周开始，她定要重装上阵，绝不输给刚进公司的那几个臭小子。

说到这儿，何颖也把自己还没准备好要孩子的事说了出来。感觉到老公有些失望和郁闷，何颖接着说出了自己的想法，先把工作的事情解决好，是去是留有了决断，两个人再一起计划孩子的事情。可以先了解一下生育前后的知识，还有很多很多需要准备的工作呢。

她和老公不停聊着，周末过得特别快。

把纠在心头的结解开、放下

周一早上准备上班前，何颖再次确认自己的妆容。看着老公严阵以待，非要亲自开车送自己上班给自己鼓气，她还真有些忍俊不禁。

到了公司，她很快投入工作状态，积极做好这周的工作计划，把其中需要提前准备的议案、提纲一个个写好放到老板的桌上。今天老板对她的态度也好了很多，专门和她讨论了提纲中的几个问题。

一天下来，人虽然累，可何颖的心里觉着挺舒服轻快的。几周下来，何颖积极的表现和良好的工作状态让她赢得了惊喜，老板要升她为部门的临时主管。

这让她又惊又喜，同时又有些为难，因为孩子的事情还没确定呢。

这晚她早早回家，做好了一桌小菜，点上烛台，她想和老公边吃边聊聊孩子和工作怎么平衡的问题。她相信一定能找到适合他们的方法……

tips

温馨小贴士

一、纠结的根源在于难以抉择。比如当前很多人面临着要不要离职的问题：离开了怕找不到好工作，留下来又觉得憋闷、难受。患得患失的纠结心理会让我们的心情复杂难耐，也会困扰我们行动的脚步。

其实我们纠结于此在于我们难以抉择，不知道该怎么办，害怕自己一步走错步步皆错。与其在未知的答案中挣扎徘徊，不如深入地思考自己在这两个选项中，舍不得放弃的是什么？而自己不放弃的优势是什么？分析利弊，作出一个选择。

在选定一个行动的方案后，要坚定果断地行动。如果自己容易退缩，可以请身边的好友家人从旁敦促自己，也可以写一些行动方案的便笺带在身上随时提醒自己。

二、纠结是增进感情的好机会。其实爱人是让你最有安全感的朋友之一。在遇到纠结心情时，把缠绕你的困扰说给他听听，也许他不能给你最想要的答案，但他一定会给你最需要的支持。而这时的你也更会让他心疼，还让他感受到你对他的信赖，能够增添爱人之间的亲密度。

三、在纠结中学会自我成长。开始走入社会的80后、90后们总是渴望得到很多，却总是发现现实残酷。请把纠结当成一种难得的体验，在纠结时把握我们的心路历程，把各种挣扎、困惑、矛盾、无助等心理和事态的发展记录下来，从一个全新角度去了解、认识自我。学会在纠结中舍与得，只有先付出才能够得到你想要的。

四、纠结时，学会调整心态。纠结的心态会让我们心神不宁、烦躁不安，带着这样的情绪不利于我们作出选择，需要先处理好自己的情绪，再去解决问题。

我曾被他的爱套牢

口述 / 冯晓晓　记录 / 张慧娟

【新闻背景】

2010年4月中旬，一则《警嫂紧急呼救，丈夫有SM爱好经常以此虐待妻子》的帖子出现在网上，随之，一个名叫冯晓晓的警嫂进入了网友的视线。据"红网"报道，冯晓晓在采访时曾描述过一次被丈夫徐斌SM的情形：他用皮带勒住我，让我像狗一样爬，还用手使劲地掐我，随后强行将我的头部按向他的下体。我永远都记得那一天，我接连出血了好几天，我永远都不会忘记那种痛苦……

冯晓晓的"非人"遭遇引起网友极大愤慨，声讨徐斌的声音此起彼伏。但也有网友提出异议：为什么这样的生活冯晓晓竟能忍耐近两年之久？两人之间到底有着怎样的纠葛？

在接受采访时，冯晓晓除了痛心讲述自己所遭遇的一切，还不无怀念地说：

“我们也曾有过一段美好的时光。”如今再回头去看那段“美好”时光，不知冯晓晓是欣慰多，还是感伤多？

她曾被他的爱套牢

他将一枚戒指轻轻戴在我的手上，一脸诚恳地说：“你要一直戴着它，这样就不会再有其他男生追求你了。”我点点头，有时候，被套牢也是一种幸福。

徐斌追逐我的脚步是从高三开始的，那个时候，我们正值豆蔻年华。然而观念和环境的约束，使我最终将那份感情拒之门外。

后来，我们各自考上了大学，我留在家乡徐州，徐斌则从徐州踏上了去往北京的求学路。带着未完的心愿，徐斌对我开始了执著的追求，他曾对我说过：“就算是石头心，我也要打动你。”虽然相隔万里，但每天中午、晚上，我都能接到徐斌的电话；有时候晚自习下课晚了，他就会一遍遍地往宿舍打电话，室友半是责怪半是羡慕地对我说：电话都快被你男友打爆了，你们赶紧装个专线吧。我不好意思地笑了笑，心里涌出幸福的味道。

那时的徐斌是个将爱当成生命的人，他宁肯在吃上节俭一些，也不肯省下电话费。看着原本就瘦削的他变得更加骨感，我心疼地劝他：“电话可以少打一些，你一定要吃好。”可他在电话那端笑呵呵地说：“别看我瘦，骨头里都是肉。”我无奈地笑了笑，知道劝不住他。

除了打电话，每隔三天，我们都会给对方写信，那些朦胧的文字记录了我们的青春和爱情。如今，家里还保存着我们当年来往的书信，足足有一尺多厚，我偶尔会去翻看，但每次都仿佛受人戏弄一般，因为那时的幸福和如今的不幸反差太大。

曾有一年的暑假，徐斌到我家还书，他短裤背心的装扮让我有着传统观念的父母颇有几分看不惯，他们希望我少跟徐斌交往。所以大学期间，我基本上都是背着父母跟徐斌恋爱。有一次，考虑到这段没有结局的感情，我向徐斌提出分手，可让我没有想到的是，第二天早上，我竟然在宿舍楼下见到了徐斌，他连夜从北京赶来。看着他发红的双眼，我心疼地跑上前，眼睛模糊起来……

2002年的一天，还在上大学的徐斌将一枚戒指戴在我的手上，然后一脸认真地说："你要一直戴着它，这样就不会再有其他男生追求你了。"

我看着徐斌的眼睛，点点头。

2003年，毕业后，徐斌为了我又回到徐州。那年，他有了工作，但上班不到一个月，他就对一个女孩有了好感，爱情的不可靠给我带来一种无法言喻的痛苦。我和徐斌分手了，分手时，我将那枚戒指还给了他。

几个月后，徐斌又回到我的身边，他和那个女孩分手了。他说："我觉得还是你好，希望你能给我一个机会。"

然而被伤了的心怎能说爱就爱，我低头不语。

徐斌开始比以前更用心，最终，我再次接纳了他。2004年6月，徐斌再次将那枚戒指戴在我的手上，无比深情地说："再多的话语都是苍白的，从今以后，我会用行动来弥补曾经对你的伤害。希望这一次戴上，永远不会再摘下。"

我哭了，无尽的感动让过往的辛酸和委屈瞬间化解。

曾经的爱渐渐远去

我被推出产房的时候，他站在手术床前激动地说："你辛苦了，我会一辈子对你好。"我感动得哭了。从此，泪水再没有停止过，只不过不再是感动的泪。

8年的恋爱终于有了圆满的结局。

2006年5月，我接受了徐斌的求婚。也是在那一年，徐斌成为徐州市公安局某特警队的队员。婚后一个多月，我发现自己怀孕了，这消息让徐斌和父母都非常高兴。

徐斌的关心是细腻的，所有含防腐剂的食品都被他“堵”在了门外，我常常娇嗔地向徐斌抗议：“什么都不让吃，我还能吃什么？”说是抗议，其实内心是甜蜜的。

那些日子，徐斌常常会趴在我的肚子上，一边静静地听，一边问肚里的孩子：“你是不是个男孩啊？”我知道，徐斌和婆婆是喜欢男孩的。

怀孕5个月的时候，我被查出胎儿脐带绕颈，徐斌竟然乐呵呵地对着我的肚子说：“宝贝，你肯定是个男孩，不然怎么会那么淘气！”看着徐斌，我生出淡淡的忧虑，因为爱他，所以怕辜负了他的期盼。

2007年2月，女儿茵茵呱呱坠地。因为产房摄像头的问题，看监控的人误将女孩说成了男孩。守在产房外的婆婆激动万分，甚至跪地叩谢；而徐斌则在我被推出产房的时候，站在推床前深情地说：“你辛苦了，我会一辈子对你好。”当时，我被感动得哭了。

然而，紧随我的推床被抱出的女婴却让他们很是意外。

事后，我在心里暗暗发誓：一定要给徐斌再生一个男孩。我和徐斌都是独生子女，按照政策可以生二胎。

虽然一直想要男孩，但徐斌对女儿的态度并不算差，有时下班回来，他还会抱着女儿给她唱歌听。

10月底，徐州的天气渐渐冷了起来，为了不让茵茵受冻，我的父母买了几千块钱的炭生起了炉子。因为炭的数量太多，只能暂时搁置在楼下一个邻居家。每添加一次，父亲就要楼上楼下跑四五个来回。看着父亲苍老的身影，我常常会生出亏欠之情。徐斌在家的时候，我就让他去拎炭，但拎了两次之后，他竟然抱怨：“你爸在家，为什么还要让我去拎？你想累死我啊？”因为拎炭这件事，徐斌生出许多怨气。

徐斌的工作比较辛苦，基本上3天就要加一个夜班。不加班的时候，他有时会在晚上玩游戏。我的母亲视徐斌为自己的孩子，所以说话就少了许多拐弯抹角，为了让徐斌多休息，母亲总是劝他少玩游戏。但母亲的好意劝说却让徐斌感到“刺耳”，他总觉得母亲是在指责他不照顾孩子。

时间在我对孩子的关注中流逝，或许也因此疏忽了其他。

那年11月，我突然发现徐斌变了许多，他的话越来越少，晚上常常和我背对而睡。他以前并不是这样，很多时候，他会孩子气地要和我一起分享二人时光。

2008年2月初，我和徐斌因为孩子以及家里的装修问题吵了一架，那一晚，我们一夜无话。几天后的大年三十晚上，我和徐斌静静坐着看完电视后，他突然向我提出离婚。我以为他还在为几天前的争吵赌气，也就负气答应了。

大年初一的晚上，心里堵得发慌的我给一个朋友打电话，讲述了自己和徐斌的事情。在对徐斌的诸多行为产生质疑之后，朋友向我要了徐斌的手机查询密码。10分钟后，朋友告诉我：“徐斌应该在外面有人了。”随后，发给我一个徐斌彻夜频繁联系的号码。

那一夜，我没有入睡，看着身边熟睡的女儿，我突然有一丝面对未来的恐慌。

第二天，徐斌加夜班回家，趁他不注意，我在他手机中查询到那个号码，号码的主人叫吴梅，是徐斌的初中同学，我们还见过面。

那天晚上，我平静地问徐斌：“你为什么要离婚？”

“因为感情破裂。”徐斌冷冷地说着，眼睛始终看着别处。

我无法轻易答应离婚，女儿是我不肯迈出这一步的主要原因。

提出离婚之后，徐斌就开始很少回家，每次打电话问他在干什么，他就说领导让加班。

然而，风言风语开始传到我的耳朵里：有人看到徐斌开着警车去接吴梅下班，甚至在她家里住。接连几个夜晚我都无法入睡，我曾想过去找徐斌或者吴梅把事情说清楚，但结果却未必能将徐斌挽回。一想到这些我又犹豫了，我不想让女儿在单亲家庭中成长，我怕女儿会成为“问题”孩子，也怕女儿长大后会质问我：你是否为了给我一个完整的家而努力过？

为了女儿，我不得不学着装聋作哑，可这毕竟是自欺欺人。

那一个月，我瘦了 20 斤，替我操心的母亲也瘦了 20 斤。

受虐的生活怎会一过再过

很多时候，我觉得自己在他面前就像是一个畜生，被他肆意蹂躏。为了女儿，我忍受着这一切，可这样的隐忍是否真如我以为的那样有价值？

两个月后，我因事去单位找徐斌。接到电话的徐斌说他在单位，让我在门口等，可半小时后，他才从外面回来。见到我后，他什么都没说，一把抓住我的脖子就往马路中间拖。

“你为什么拽我？”我满腹委屈。但徐斌一句话不说，抬手狠狠打我的头部。我一边抱头，一边向路边的一位阿姨求救。阿姨过来劝架，徐斌看此情景，松开手笑着说：“没事，没事，一点儿家务事。”说完，他扭头恶狠狠地对我说：“你赶紧给我滚回家！”我没有说话，哭着跑开了。

第二天，我接到徐斌打来的电话，他说，如果我再去他们单位，他还会打我。后来，我想了想，他可能是怕我去单位告他的状。

一个月之后的一天，徐斌回了趟家，看了看女儿，然后就在电脑上我的文件夹里不停地寻找着什么。我问他找什么，他笑着敷衍：“什么也不找。”一直到现在，我都不知道他那次想找什么。我在徐斌身边静静地坐了下来，这个我曾经熟悉的男人，如今却变得如此陌生而遥远。

“有朋友说，看到你开着警车接一个女孩下班。”我假装漫不经心地说着。

“怎么可能，没有的事。”徐斌故作轻松地说，“单位领导为了工作常年都不回家，我这才几个月没回家。你应该理解我，不能总是乱猜。”

看着嘴里没有一句真话的徐斌，我失望到了极点。

6月2日晚，正在公公婆婆家的我接到徐斌电话，说吴梅去了我母亲家楼下。

“她去那儿干什么?”我不解又焦急地问。“谁让你妈去我们单位告状的。”徐斌似乎也有些愤愤不平。“不可能，我不认识你的领导，我妈更不认识。”

徐斌顾不上多说，挂掉电话匆匆赶了回来，拉着我就往我父母家赶去，徐斌的父亲也跟我们一同前往。

后来的局面混乱不堪，吴梅和我母亲发生了剧烈的争执，甚至动了手……那一晚，我们的“家丑”完全暴露在大庭广众之下。

我和极度委屈的母亲哭了一夜，母亲边哭边告诉我，她根本没有去过徐斌的单位。

不知是不想让事态进一步扩大，还是其他缘故，两天后，徐斌给我发来短信，希望我们重新开始好好过日子。他接连两天都在给我打电话、发短信，终于，我在疲惫中答应了下来。

原本以为可以平平静静过日子，可谁知竟是噩梦的开始。

6月中旬的一天晚上，上床睡觉时，徐斌突然开始脱我的衣服。因为许久都没有过夫妻生活了，我不解地问：“你想干什么?”

“你说呢?”徐斌一脸坏笑。一想到他在外面的所作所为，我就感到内心的排斥，我应付道：“我累了，想早点休息。”但徐斌并不理会，他坐起身，一只手突然抓住我的头发，另一只手死死掐住我的脖子……随后，我经受了一段噩梦般的遭遇。

事后，徐斌曾向我道歉，说再不会有下一次了。可那样的耻辱让我迟迟无法平息，那晚，我在黑暗中几次抹去脸上的泪。

徐斌并没有遵守“再不会有下一次”的承诺，之后的每次夫妻生活中我都曾试图反抗，但最后发现，每一次反抗都更加刺激了他的欲望。

那年9月底，我在又一次被打之后，伤心地找到当地妇联和徐斌的单位领导。在领导的耐心教育下，徐斌稍稍好了一阵子，但没有多久，他又开始“凶相毕露”，让我尝到了“告状”的代价。

很多时候，我觉得自己在徐斌面前就像是一个畜生，被他肆意蹂躏着。但为了女儿，我决定继续忍下去。同时，我在心里还抱有一份幻想，幻想有一天，徐斌能给我一个平静的家。

然而让我想不到的是，2009 年 4 月 19 日，我接到法院的传票，徐斌竟然向法院起诉离婚，也许他连打都打累了。3 天后，在徐斌又要和我过夫妻生活时，我将手机设置在“录音状态”，却被徐斌发现，结果他将我暴打了一顿。那一次，徐斌是真下了狠手，我一连在医院住了数月。

6 月，在我刚刚能下床的时候，我们的离婚案开庭了。鉴于我的伤情等各方面情况，法院并未判决离婚。

从 2009 年 4 月住院以来，我就没有再工作，那次被打留下了很多后遗症，轻微脑震荡、头疼头晕、记忆力下降，而且还不断打嗝。有医生说我是心理作用，有医生说是神经的问题，还有医生说是因为后脑损伤。

我和徐斌已经分居，彼此没有再联系。

2010 年 1 月，徐斌再次提起离婚诉讼，我知道，他是为了通过离婚尽量逃避一些责任。目前，当地警方也已经开始介入调查。

事情走到今天，我只想为自己所遭遇的一切讨个说法。前方的路我看不清楚，但我要继续坚持走下去。

（本文人物皆为化名）

脱去老公的“隐形衣”

文 / 焦阳

老公就像空气一样，将自己置身于我的生活之外。于是，我开始狠狠反击。

晚上，我拉来老公追看 TVB 警匪剧集，酷爱推理的我推了一把老公：“老公，你说凶手会不会是 A?”

“嗯。”

“可 B 也像凶手啊。”

“哦。”

“其实 C 也有不少疑点的。”

“嗯。”

我顿时无语凝噎，这哪里是两夫妻热热闹闹看电视，简直是一个单身女人面对吸音壁自言自语。

周末，我正在阳台上晾晒衣服，老公慢吞吞走过来，“电话响了。”“谁的?”“不知道。”“你怎么不接?”“这个时候打来一定是找你的。”我真不知道他是不是个机器人。假日，朋友从QQ上发来一则笑话，我笑得脸都抽了筋，想跟老公分享。我忍着笑念了一遍，可他却无半点反应。半晌，才回过神来问道：“念完了?”我像泄了气的皮球，扭头忙别的去了。

老公经常在我的倾诉中发出鼾声，对我的意见采取“三不”主义——不主动、不拒绝、不负责。而且面对家务，他也仿佛置身事外，鸣笛的水壶、嘀嘀响的洗衣机、电子音乐的门铃在他那里都像装了消声器，只等我来收拾打理……如此情况重复上演N次之后，我确定老公已经在婚姻里安逸退化成一个从“失声”到“失神”再到透明的“隐形人”了。

逢山开路，遇河搭桥，这才是一个聪明女人的婚恋态度。我上网查资料、向闺蜜取经，对着老公“望闻问切”之后，开始了跟隐形老公的一场“智斗”。

想脱下老公的隐形外衣，第一个办法就是自己先穿上隐形衣，知己知彼嘛。开水喝完了咱就喝瓶装水，饮料也喝完了那就学习“骆驼精神”，靠驼峰度日；晚饭的时间，老公慢吞吞地问：“今晚吃什么?”盘腿打坐的我用更慢的语速回答：“我在练习一种瑜伽隐身术脱不开身，冰箱里有肉蛋青菜，电话旁有外卖单。”

双休日、节假日，我盛情邀请朋友来家里聚餐，他的酒友和老同学自然是最佳人选。热火朝天的聊天气氛、满满一桌子的食物、乖巧可爱的小孩子，眼前的一切让老公渐渐从一个聆听者变成一个“讲话的人”，甚至不时还会倡议下次聚会的节目安排。

一天，敷面膜时我心不在焉说单位男同事想请我去卡拉OK，还从包里掏出几样小礼物——包装精美的小说、微笑瓷娃娃、一对景泰蓝耳环。老公问我谁送的，我报上一个他见过一面但没什么联系的异性朋友名字。之后，老公对我重新关注起来。虽然目的达到了，可让我心疼的是，那些小礼物可花了我自己不少私房钱呢。

当老公终于脱下隐形人的外衣，开始变得有眼力、有活力、有动力，甚至还不时帮我做点家务、聊个八卦、逛个商场时，我却来了个一百八十度的大转弯，把他推进书房，让他自动消失两小时。

老公一头雾水："我都已经改过了，你也得给我个改过自新的机会呀！"我佯装不依不饶："都说距离产生美，这道理我懂。每天给你一段时间，随你怎么隐形我都懒得管。"看着老公一脸的迷茫，我扭头窃笑着，其实我是想给他一些自己的空间。

至此，我跟隐形老公的智斗画上圆满句号，你要问谁赢了，赢的不是我，也不是他，而是我们的婚姻。

老路结婚记

文 / 王小柔

这个季节，很多人跟老路一样，即将开始新生活。

最近办喜事儿的有点扎堆儿，这些人跟约好似的一起发请柬，赶寸了回头没准还能一起抱窝。你看那一个个新楼盘里，入住的时候都成双成对，转眼间小区花园里就站出来好多抱孩子晒太阳的妇女，人丁兴旺看着就温馨。老路羡慕了十来年这样的生活，最近终于放弃了他一直坚守的非卫教系统女子不娶的坚定信念，跟一外企女会计登记了。

当他把这一喜讯没完没了地通知我的时候，引起了某男的怀疑，大半夜打电话问我："老路多大了，是二婚吗?"我说："人家刚结头轮儿。"电话那边立刻大惊："那女方呢?"真俗，一男的大晚上打听这个。我没好气地说："女的30多岁，也头回结。"

按理说能耗到将近40不结婚也算有毅力了，就老路那岁数，结婚早的，孩子都知道传字条了。老路快40才沉浸在当新郎官的亢奋中，都是他自己耽误的。想当年老路的身影经常出现在各高校食堂和林荫道上，后来一度又频繁现身于天津各大医院门口。女的跟走马灯似的换，倒不是他风流倜傥，大部分都是女的甩他。开始那哥们儿还找我们几个喝闷酒，后来不知为吗就海阔天空了，谁甩谁他都不伤心。老路家亲戚多，就这么一个孩子没结婚，全抢着给介绍，见谁不见谁得拿号儿。

虽然经历了十来年的风雨，老路外形一点没变化。他20岁就像40岁，胖胖乎乎肚子老大，可真到了40岁倒显得年轻了，跟吃了老龙王的定颜丹似的，估计他80岁也这样。老路分析了自己的市场需求：有两套房，有稳定工作，有点儿积蓄，没婚史，无不良爱好，但岁数相当的女同志，保养再好脸上也有褶子了。她们倒想找有钱有事业的男人，可男的真到这阶段就找20岁的去了。分析之后他更加坚定了自己等待的决心。

当这个女会计从介绍人身后出现的时候，老路并没太动心。这么多年来，啥样的他没见过，都疲沓了。但女会计动真格的了，挺主动的。俗话说上赶着不是买卖，老路一看这形势，还拿上一把，见了几次面觉得女方有瞧不起他的嫌疑，还撂挑子了，害得女方父母又找介绍人圆这件事。当晚，老路只好跟母亲说："人家三高，我也三高。人家三高是高收入、高身材、高学历，我三高是高血压、高血脂、高血糖，她心目中期待的对象肯定不是我这样的。"老路他妈嫌儿子想得多："门当户对也有离婚的。到岁数就得结婚，咱能过一年就过一年，能过两年就过两年，过不下去也别痛苦，一离婚谁也不耽误谁。"有老娘这句话垫底儿，老路很快就跟女会计领了结婚证。

女方家里说不用着急，日子差不多再订饭馆。可老路这些年虽然没结婚但帮别人忙活过不少婚礼，深知饭馆得提前一年订，临近再招呼，只能安排百十来号人蹲地上吃沙锅羊肉串。

老路骑着电动车把天津大小饭馆跑了个遍，才发现皇历早变了。以前提前一年，现在得提前一年半，老路拍着菜谱说："一年半以前我还不认识她呢！"后来，他发动所有亲戚朋友帮着找饭馆，终于在他举行典礼前 11 个月零 3 周的时候找到一家不大的饭馆。当天下午有 3 对儿结婚的，因为地方不大，所以不能同时进行。老路算头一场，3 点半上菜，5 点必须吃完回去洞房，要是他不挪地儿，底下那拨儿就无法按时典礼。

老路现在倍儿美，半夜不睡觉给我们这帮人打电话秀幸福，还声称："我这是心甘情愿地跳进围城，还就死气白赖地不出来啦！"

胆小老公的英雄胆

文 / 竹韵

虽然老公怕拔牙，怕流血，但他仍旧算个英雄。

我老公，一米八二的身高，体重和身高一样——182斤，腰围和裤长一样——三尺一。总而言之，就是古时候形容的：铁塔一般的身材。

谈恋爱时这身材很让人有安全感。靠着他的肩膀，枕着他的手，那叫个温暖舒服！婚后，我成了幸福小主妇。某天，给他做了红烧排骨，他吃得痛快淋漓。在啃了好几块排骨之后忽然大叫：“不好，牙好像掉了！”张嘴一看，一颗大牙可能原来就有裂缝，在他不管不顾的狂啃下，终于裂开了。一小半牙齿晃晃悠悠地连在牙龈上，另一大半牙齿还是好端端的。

他放下筷子，愁眉苦脸：“这可怎么办？要拔掉吗？以后我再也吃不了排骨了！”我试着碰碰那一小半的断齿，他慌乱地躲闪：“不行，疼啊！”看他痛苦的样子，我也难受:“快，去看牙医吧。”

去找牙医的路上，他开始不停地叨咕："你拔过牙吗？疼吗？打麻药吗？要用多长时间？医生下手狠吗？"我一一回答："拔过。打麻药的。打完了嘴巴里就是木的，医生拔的时候没什么感觉。但是拔完了之后有点儿疼。医生下手肯定是狠的，不然怎么拔出来？其实下手越快越狠就越没事……"

他的脚步越来越慢，终于在牙科诊所外停下来："我可不可以向医生要求全麻？"

我大笑："怎么可能？不过拔一颗牙，怎么会给你全身麻醉？再说，有人对麻醉剂过敏，量大了会很危险。"他的眉头又皱到一起："那我会不会对麻药过敏？会不会有危险？"

好说歹说，终于把他拉进了诊所。

牙医面无表情地问："怎么回事？"老公坐在椅子上，连话都不敢说了。我替他回答："啃排骨，把牙给啃掉了。有一小块连着。"

医生点点头："张嘴！"老公扭头看我。我拍他："张嘴啊。"

医生看了看，拿了个小喷壶向他嘴里喷了一下，然后用小镊子伸进去，手一起一落，告诉他："好了，起来吧。"他莫名其妙："好了？没拔？"医生用镊子夹着一小块断齿给他看："就这一小块，拔下来了。"他仍旧执著地问："怎么没打麻药？"医生不耐烦："刚才给你喷的就是麻药！"

从那以后，他的铁打硬汉形象一落千丈。自从露出真面目，他的胆子似乎更小了。一次，我正切菜，一不留神，刀锋一下子从手指上划过，顿时鲜血淋漓。我叫他："快帮我拿创可贴！"老公飞奔而出，一见我的手，顿时呆立当场，哆里哆嗦地问："创可贴在哪里？"我告诉他："右边第一个抽屉。"他手忙脚乱，把所有的抽屉都打开也没找到。最后还是我自己找到，再自己贴好。而在我贴的过程当中，老公就站在原地做一件事情：皱着眉闭着眼睛叹气。那神情，仿佛切到手指的是他！

唉，白长了这么个土匪恶霸般的身材，胆子居然这么小！我很无奈地问他：

“以后要碰到什么事咱俩谁救谁啊?”老公一拍胸脯:“你上!我掩护!”

这话没说多久,就真让我们碰到“事儿”了。

和他坐公交车,我眼看着一个小偷把手伸进旁边一个女生的挎包,下意识地刚想喊,那个小偷猛然转过头来,目露凶光瞪我,吓得我差点儿把舌头咬下来,再不敢出声。可能是老公注意到我的不安,回过头来也看见了,只听他大喝一声:“干什么呢?!”声如霹雳,那小偷吓得一哆嗦。那个女生发觉了,劈头盖脸又是打又是骂,全车的人都义愤填膺。那小偷灰溜溜地挤下车,连头都不敢抬。

下了车,我左顾右盼。老公问:“找什么?”我小声叨咕:“看看那小偷会不会跟着我们?会不会报复?”老公一把揽住我的腰:“好老婆,胆子那么小!邪不压正,你越勇敢小偷便越不敢乱来!再说了,你刚才没看见?车上还有两个穿军装的军人呢!女子防身课的老师说了,遇到坏人,有三喊三不喊:白天车上人多可以喊,身边有警察军人可以喊,身边有伙伴可以喊。你看,咱们条件都符合,干吗不喊?”

我好奇地盯着他:“女子防身课?你听?”老公忽然顾左右而言他:“咦,今天太阳怎么这么晒啊?”然后又叨咕一句:“我这不是替你听嘛。”

靠着他的肩,我忽然发现天这么蓝,心里这么温暖安全。虽然老公怕拔牙,怕流血,但他仍旧算个英雄。

老婆的奥运情结

文 / 焦阳

福气是自己给自己淘来的，我们这么努力把日子过成多姿多彩的花，幸福能不满满当当的吗？

老婆个头不矮人也苗条，是我们家的政务晴雨表，时尚风向标。2008年的阳光刚一明媚，奥运的气息刚一浓郁，她就跟着灿烂起来了。

电视上正播奥运公益广告，老婆看了若有所思说："既然咱们是2008奥运会的主人，不能光看热闹不来点实际的。"我一边啃黄瓜一边冲她坏笑："哈哈，这下可难倒你了吧？"

老婆冲我大喝一声："别动！"说完围着我转上三圈，"有了，你这根黄瓜给我提了醒，不是倡议绿色奥运吗，咱们家就从绿色风做起。"我脸都绿了，关键时刻，我吃哪门子绿皮黄瓜啊！

老婆先是搬回很多绿色植物，当然，她只负责动嘴，动手往7楼上搬花盆的是我。电脑旁放上仙人球，客厅里摆上凤尾竹，卫生间里搁上文竹，放眼望去，还真是绿色满屋，空气清新了不少。

我正陶醉，老婆纤手一指：“以后咱家的吸烟区仅限阳台了。”当了多年烟民的我振臂抗议：“如果被剥夺吸烟的自由，那我以后的工作就没什么动力了。”老婆居然不吃我这一套：“我决定要宝宝了，生个奥运宝宝多有意义啊，你忍心让咱宝宝在肚子里就闻你的二手烟当小烟民?”我强词夺理：“你听谁说的啊，我爸是老烟民了，你看我多聪明。”老婆大怒：“那你就等着咱们国家第二次办奥运会时当爹吧。”

这可等不得，我爸我妈一直盼着我们生个像姚明那样壮实高大的孩子呢！我赶紧转移老婆注意力：“老婆，你说说北京奥运会，咱们国家能拿多少块金牌?”这招真灵，老婆立刻忘了刚才的阶级矛盾，眉飞色舞地扳着手指算起金牌数量来。

老婆又实施了绿色餐桌计划，多吃有机绿色蔬菜，少吃红肉白肉，及时补充粗粮水果。说是绿色入口，健康多多。

我委屈极了：“老婆，你想让我这个食肉动物转化成食草动物也得有个慢慢的适应过程，你看大熊猫从吃肉到吃竹子进化了上百万年啊！”老婆立刻放下筷子：“你说的是，熊猫在今年的奥运宣传上也是重量级的，我去上网查查。”我说东她偏扯到西，简直是鸡同鸭讲嘛。

老婆召开家庭会议：“老公，咱家的电视旧了该换个大屏幕液晶的，看奥运比赛可不能马虎。再买个多功能健身器，你得积极主动向运动明星的身材靠拢。”

我小声嘟哝：“说好要买笔记本电脑的嘛。”老婆不屑地戳我脑门：“瞧你那点出息，国事比家事大，奥运比笔记本大，这点常识你该有吧，别让我鄙视你!”得，她这一上纲上线，我那最高配置最新款型的笔记本算为我们家的奥运大事作贡献了。

接着，一直嚷嚷跟英语绝缘的老婆，破天荒地跟英语较上劲儿，上网学了几句日常会话，开始尽情朝我身上招呼。

老婆拿腔捏调眉目含情地跟我说：“Darling（亲爱的），你 go home（回家）了。”“Darling，咱们今晚吃 chaffy dish（火锅）。”老婆跟闺蜜煲电话粥：“那件裙子好 style，I like。咱们明天去 shopping 吧。”

在一旁上网的我刚想偷笑，老婆警觉地抬起头：“怎么，我的英语发音不标准?”我再也撑不住了：“你的 English 非常 good，就适合经常来咱们中国串门、对中国话不清楚的老外听。”老婆施展起胭脂拳：“我这可是与时俱进跟国际接轨，当好奥运主人的表现。”我赶紧买了本《疯狂英语》送老婆，支持她一路疯狂下去。

这天晚上回到家，老婆突然激动地扑到我怀里，已经熟知她是奥运忠实粉丝的我没敢往歪了想，直接问：“奥委会给你发请柬了，还是你申请当奥运志愿者被批准了?”

老婆半娇半嗔地说：“刚去医院检查回来，你要当爸爸了。”我高兴坏了，搂着老婆给宝宝起名字：“咱宝宝叫小翔吧，像刘翔那么矫健勇敢，为亚洲争光。”老婆摇头：“我喜欢女孩，叫晶晶吧，要像出水芙蓉郭晶晶那样美丽又自信，是中国人的骄傲!”我们的视线不约而同落到了客厅 5 个可爱的福娃身上，同时说出：“宝宝叫福娃吧，像福娃那样受全世界人民的喜爱。”

有时候，福气就是自己给自己淘来的，我们这么努力把日子过成多姿多彩的花，幸福能不满满当当的吗?

老公的虎性与猫性

文 / 阿莲

男人是虎，也是猫。因为他知道你安全，你幸福，所以啊，他才能够放任自己在家里做只猫……

老公是个法律工作者，面黑体壮，疾恶如仇，办起案子来公正秉直，尤其对那些处于弱势的女性，更是怜香惜玉。有好几次，我亲眼看见那些女人雨打梨花般地走进他的办公室，梅开二度似的笑吟吟走出来。

在工作上，老公像一只在自己领地上纵横驰骋的老虎，可在家里，他却是一只彻头彻尾的懒猫、脏猫，没情趣的笨猫。

每天进门，就是不咸不淡的一句话："老婆，我回来了。"夹着公文包，带着满身烟草味，一头扎进自己书房里看报纸、查资料，全不管你正在厨房里汗流浃背。喊了N遍"开饭了"，他才懒洋洋地踱出来，两眼却又盯牢了电视机，对荧屏上那些千里万里外的事情津津有味，对近在咫尺的我却视若无睹。

出事那天，是周五晚上10点。厨房里的水开了，我心里惦记上线的QQ，也没把水壶放在地上凉一下，就往暖瓶里灌。只听“咚”的一声巨响，暖瓶炸了，碎片四处飞溅，滚烫的水顷刻间漫上我的双脚，我顿时惨叫起来。

鬼哭狼嚎的当儿，老公迅速端来一盆凉水，我把脚泡进去，可还是疼痛难耐。他要送我上医院，我不肯，他只好飞车买回一盒烧烫伤膏。

涂了药膏的脚仍然一阵阵剧痛，早上起来，他打着哈欠问我一个人在家行不行，我说行，让他放心去加班。要强的我，总以为自己是不需要呵护的，从一手抱着襁褓中的女儿一手爬格子，到带上照相机独自去外地采访，多少艰难困苦都挺过来了，区区一点儿烫伤算什么！况且，双休日是我“法定”的家务日。我打起精神，把楼上楼下的房间全整理了一遍，到了傍晚才觉得脚有些胀。坐下来仔细查看烫伤处，全起了水疱，明晃晃的，都跟鸡蛋那么大。我吓坏了，哆嗦着给他打电话，声嘶力竭地大叫：“快回来救我啊，我要去医院!”

老公以最快的速度赶回来，把我送进医院烧伤科，拿着“二度烫伤，静养，抬高双脚，禁止下地走动”的诊断书，去让护士做清创处理。两只脚被缠上厚厚的纱布，来时的拖鞋已穿不进去。

“来，我背你。”老公弯下身对我说。老公的背，很宽、很厚、很温暖，趴在上面，仿佛贴着一座坚实的大山，又似骑在英武的虎脊上，鼻子竟有些发酸。这一切，多么像热恋的日子啊！他用自行车驮着我去郊外的池塘摘荷花，我揽着他的腰，脸贴在他的背上，两颗心一起跳动……原以为这些场景已随着平淡的日子风化成了碎片，哪知却是完好如新，历历在目。

在无花果树下放两把椅子，一把坐，一把搁脚，捧一本书，带着因祸得福的闲适，看着老公忙。有时中午实在赶不回来，他就提前把午饭给我准备好。晚上推掉所有应酬，进门就问：“今天好些了吗，还疼不疼了?”语气轻柔关切，充满心疼。

度过感染期后，脚上的水疱开始结痂。那些晚上，老公拿剪刀帮我剪那些死皮，粗大的手捏着小小的剪刀，样子笨拙，动作却很轻很柔："会不会留疤啊？医生说可能会留疤的……"他握着我的脚，担忧地絮絮叨叨。

我心里一颤，嘴里却说："要是真的留下疤可怎么办？"他脱口而出："我把自己的皮移植给你！"我故作不屑地啐他一口："谁要你的皮啊，那么黑！"心里却乐开了花。

那些日子，老公把猫性全都还给了猫，在家也是目光炯炯，行动敏捷，浑身上下充溢着虎的霸气及对配偶的忠勇眷顾。我心安理得地指使着他，对他吆五喝六。

烫伤后第二周的一天，他受理了县里的一个案子，跑了很远的路去见当事人，回来便发起烧来。看着他疲惫的脸，我的心里酸酸的：这段时间里，他的确是太累了。男人是虎，这没错，但不能一直做虎。在外打拼时可以是虎，可在家里，还是让他成为一只猫吧！一只懒猫、脏猫、大笨猫，因为，他知道，你安全，你幸福，所以啊，他才能够放任自己做只猫。

烫伤后的第20天，我的左脚基本痊愈，能够拄着棍子一瘸一拐地走动了。于是，我郑重地向老公宣布："你自由了，从此可以大胆做虎，安心为猫，本主妇不会再怀疑你怜惜风情万种的女原告。替她们伸张正义，讨回公道，是你的责任。不过……"我狡黠地眨眨眼，"如果我哪天需要你在家也是虎，你就得立马给我变成虎！"老公大乐，吓唬我道："好哇，那就让开水再烫你一次！"说着就假装去提水壶。我追过去要打他，却忘了右脚还未全好，手中的棍子把自己绊了一跤，坐在地上又想哭又想笑。

家有网购狂老婆

文 / 莲裳

我相信任何店里出售的口红颜色都不如我们家梳妆台上的齐全。只是，一年到头，能与老婆那两瓣娇艳红唇亲密接触的恐怕不到十分之一。

摊上一个漂亮老婆，谁都夸我有福气。可是，漂亮也有漂亮的烦恼，她将大部分时间都用在展示漂亮和保持漂亮上了。她的最大癖好，就是疯狂购物，尤其是买化妆品和衣服。说她疯狂她还不承认，每回都是振振有词：看我买的这条长裤多便宜，才 300 块，原价 800 呢；这支口红才 60，以前卖 200 块。

我无语了，一个月，她的裤子已买了 4 条，而口红，我相信任何店里出售的口红颜色都不如我们家梳妆台上的齐全。只是，一年到头，能与老婆那两瓣娇艳红唇亲密接触的恐怕不到十分之一。

眼看老婆败家成性，我只得向哥们儿求教。哥们儿说：女人在家当主妇，主要是太清闲，才会用购物来解闷。不如你买台电脑给她，让她在网上看小说八卦，既省钱，又消磨时间，还能把她拴在家里，一举三得呢。

说行动就行动，电脑装好了，我手把手教她上网、查资料、收发信息等，老婆聪明，很快就变成熟练的网虫了。

老婆待在网上的时间越来越多，她果然很少出去了，除了每天吃的蔬菜和水果，也没见她买过什么东西回来。我为自己的成功沾沾自喜，哥们儿邀功时，我心甘情愿挨宰请吃海鲜。

可回到家，老婆又叫我往卡里充值。她说，不在街上买东西，改在网上买了。简单、快捷，只要输入信息就会送货上门，更方便。我一听，差点儿把海鲜吐出来。忙问她买了什么，老婆轻描淡写地说：我没敢多买，怕质量不好。

我松了一口气。老婆接着说：一条裙子、一套化妆品、一双靴子……

我差点儿噎着，这叫不多吗？门铃响了，快递送货上门，老婆飞奔过去签收，捧着一个个纸箱，笑得花枝乱颤。

拆开箱子，老婆高兴不起来了。裙子的样子倒还好，可是有一股类似发霉的气味，裙摆上有可疑的黑点；化妆品和批发城的一模一样，价钱却高出一倍；鞋子呢，看着漂亮，码数也对，就是瘦得穿不上。老婆傻眼了，我让她和商家联系，她却不肯，因为商家早就声明不退不换，否则要扣钱并自己承担运费，还不够来回折腾呢。

我看到她沮丧的样子，语重心长地开导她：吃一堑，长一智，花钱买个教训也好啊，以后不犯同样的错误就行了。老婆沉痛地点点头，决心痛改前非。

过了几天，老婆又向我报告，她学习了很多关于网购的知识，还和很多网友交流了经验教训，以后购物会更加谨慎。

我一听紧张起来，忙问她又买什么了。她不慌不忙地说：她发现了一些信誉好口碑好客户多的网店，以后只在这些品牌店买衣服，可以保证质量，价钱还比当地专卖店的便宜两折，所以她又买了一件大衣。

我心里一凉，只得祈祷她买的是正品。第二天，老婆打电话给我，兴奋地大声说：是真的，是正品。

可是等晚上回到家，老婆却哭丧着脸对我说：衣服对了，可人错了。原来，买的衣服质量的确不错，价格也便宜一些，但就是不合适，娃娃风的大衣，照片上很好看，老婆穿上却显得夸张，有扮嫩之嫌。

借这个机会，我又向老婆灌输了一些网购无法避免风险之类的绝对真理，老婆耐心地听着，不时点点头，我想这下她一定深有体会，不会重蹈覆辙。所以说完，我就打着呵欠，放心大胆地睡觉去了。

此后的一个月，老婆再不逛网店了。一天吃过饭，老婆神秘兮兮地说：我真的吃一堑，长一智了。我把网购的教训，写成防骗指南寄给杂志了，编辑说下个月发表，还有稿费呢。

我赞赏地摸一下她的头发，说：行啊老婆，以后好好写东西，少花钱多赚钱。

老婆终于迷途知返，我的钱包算躲过一劫。正在暗自庆幸，门铃响了，一个风尘仆仆的物流投递员站在门口喘着气，边递单子边说：这是你们家的快件，一共是 1200 元。

我回头叫老婆，她趿拉着拖鞋，跑出来付了钱说谢谢。看到我瞪大的眼睛，老婆热烈地说：我反省过了，女人的确不能在网上买衣服，以后我打算只在网上给你买。这次买的西装，是你去年在专卖店试穿过的，保证合身。而且，这样买得多了，经验就多，还可以根据新经验继续写稿赚稿费呢。

老婆滔滔不绝地说，我却听得目瞪口呆，看来网购狂的病根还是没去掉啊。

家有麻辣孕妇

文 / 焦阳

老婆不甘示弱："我以前可是入水能游、上岸能跑的铁娘子……"说完，她还给我来了个擒拿，我刚要喊疼，她却"哎哟"上了，接着从牙关里挤出6个字："上医院，要生了！"

结婚第三个年头，老婆突然像中了彩票一样乐得合不拢嘴："老公，告诉你件事，我——有了。"正盯着股票大盘的我没醒过神来："有什么了?"老婆愤愤一跺脚："有宝宝了。"正在关注一只股票的我心不在焉地问："谁的?"老婆气得拔掉电脑插头："外星人的。"

我这才明白过来，敢情当了三年光杆司令的我终于要有个小兵嘎子了！还是个奥运宝宝！

从那天起，远在外地的老妈每天一个长途电话当起遥控总指挥，孕妇要稳坐慢行，孕妇不能化妆穿高跟鞋，多多进补高汤补品，养胎安神是头等大事。老婆虽然拿着电话满脸堆笑着把头点得像鸡啄米，可挂完电话依旧像从前那样打扮得漂漂亮亮上班，一点也没有从板凳队员跨步到人气明星的娇骄二气。

周六，我加完班给老婆打电话，她竟然在上瑜伽课。我脑海里浮现出她从前扭股糖一样把胳膊和腿缠绕在一起的恐怖镜头，脑门上立刻出了冷汗。心急火燎地赶过去，拉起老婆就走，老婆白我一眼："瞎紧张什么啊，你看看人家，比我肚子大多了，这叫孕期瑜伽。"正想撤退，美女教练发话了："下面这个动作要请一位准爸爸上来辅助一下，好，就这位吧。"众人目光齐刷刷地盯着我，我硬着头皮上了台，平生第一次当起了蹩脚的男陪练，心想："宝贝，爸爸这可都是看着你的面子啊，将来等你健健康康地出生，爸爸这个男陪练也得记上一功。"

一波未平一波又起，老婆又偷偷摸摸鼓捣起了电脑，她要给宝宝开博客！我立即说："电脑辐射会伤着宝宝的。"老婆镇定自若："用博客记录下宝宝的点点滴滴，让孩子知道自己是怎么一点点长大的，这很有意义。再说，我会穿上防辐射服，并且控制上网时间的。"一个星期后，宝宝博客建好了，粉红天使的模板，里面有老婆的一张张靓照，孕检时的B超图，还有怀孕日记。我严重抗议："怎么没有我的照片？你怎么不跟宝宝说，为了迎接宝宝的到来，我已经自动从老爷退位到长工了，打扫、买菜、洗碗，哪一样我没干过？"老婆笑道："好了好了，这就给你开专栏。"第二天我上博客一看，差点儿没咬舌自尽，老婆把我偷偷吮吸婴儿奶嘴的照片传了上去，标题为：奶爸是从吃奶嘴成长起来的。

怀孕已经5个月的老婆开始对她的身材敏感起来，我不能当着她的面儿说水桶、油桶等敏感字眼。有次晚上我想吃夜宵，找来找去没找到什么可吃的，想起家里还有方便面，就冲着卧室喊："老婆，'来一桶'放哪儿了？"话一出口才知道自己闯了大祸。

果然，卧室里顿时肃静得可怕。我忐忑不安地走进卧室想安慰下老婆，谁知她穿着从前像面口袋、如今裹在身上的白色真丝吊带裙，正费力地在床上摆出S形，我像个被扎破了的气球，"扑哧扑哧"地笑个没完。老婆一脸懊恼："我就知道自己对你没吸引力了。”我赶紧冲她竖大拇指：“不是，你的新造型绝对惊艳。”老婆马上两眼冒蓝光。我坏笑着补充了句：“你的S造型像条蚕，白白胖胖快吐丝的那种!”话没说完，我就中了老婆扔过来的枕头暗器。

怀孕8个月时，老婆基本已经是“球”状身材了，上下楼梯看不到自己的脚，躺在床上不启动我这个“杠杆”基本翻不了身。瑜伽不练了，健身房不去了，闺蜜聚会暂时告假了，本以为这下麻辣孕妻没了新鲜招数，可我的嘴巴还没咧开就发现她又有新花样了。

每天晚上，老婆一边放莫扎特音乐CD，一边开始在自己圆滚滚的肚皮上这边敲敲，那边敲敲，节奏快慢不一。我好奇地问：“老婆，你这是什么新鲜玩意儿?”老婆得意地说：“我正在跟宝宝发摩尔密码呢，告诉宝宝，爸爸今天晚回家一小时，在厨房偷吃了妈妈的孕妇餐！”我晕倒！

随着奥运越来越近，老婆的预产期也快到了。挺着将军肚的老婆守在电视旁追看湖南卫视的《奥运向前冲》，眼看一个女选手敏捷地纵身跃上滚木，却在过独木桥时被大锤击落，老婆“噌”的一下站起来：“老公，这个节目怎么报名的，我参加肯定能过关。”我吓得心跳超过120，向老婆求饶：“太后老佛爷，麻烦你体谅体谅小的，你可是快进产房的人啊，那赛场是你能去的吗?”老婆不甘示弱：“我以前可是入水能游、上岸能跑的铁娘子，这节目还不是小意思。”说完，她还给我来了个擒拿，差点没把我胳膊拧断。我刚要喊疼，她却“哎哟”上了，接着从牙关里挤出6个字：“上医院，要生了！”

核桃不说话

文 / 卫宣利

女人回家时，男人正坐在地板上剥核桃。他左手握着核桃，右手拿着螺丝刀，螺丝刀从核桃的一头钻进去，旋转一下，“吧”的一声，核桃应声分成两半。他用手熟练地剥去外壳，很快，核桃仁便完好地剥离出来。他的面前，放着一堆剥好的核桃仁，核桃皮散落一地。

女人心绪不佳，看着一地的核桃皮，眉毛拧成绊马索，脸拉成丝瓜条。她率先发难，指责他把家里搞得乱七八糟，一天到晚只会剥核桃。男人锐声应战，甚至比她的声音更响。是的，这个男人从来就不会包容忍让她，脾气倔起来像头牛。离婚已经闹了很长时间了，女人想要一个温柔的、懂得体贴爱怜她的男人。为此她争吵、哭闹、绝食、罢工，可男人就是不肯同意。这使她很窝火，她有时候气极，会冲男人嚷：你到底喜欢我什么？我改！听起来像笑话，可她的确是这么想的。

当初结婚，是父母的意思。彼时，她和另一个男人的爱情马拉松已经跑了7

年，可男人却始终给不了她一个家——他已经有了一个家。是父母硬逼着，她才无奈嫁了身边的这个男人。结婚之后就不断地争吵，她任性，他倔犟，吵起来他一点儿也不让她，她摔一个茶杯，他就摔一个碗。过后他又当起消防员，赔小心，讨好，承包家务赎罪……如是重复。她想逃离，他却不肯放。

他们唯一的默契，是他剥核桃，她吃核桃。她喜欢吃核桃，却从没有剥过一个；他剥了很多核桃，却从没有吃过一个。他们坐在沙发上看电视，他"咔吧咔吧"地剥核桃，剥完后放在她的手心，她目不转睛地盯着电视屏幕，准确地把核桃仁送进嘴里，手又自然地伸到他那边去，等他剥好了重新放在她的掌心里。他从来没有说过爱她，她也不屑知道他是不是爱她。他剥他的核桃，她吃她的核桃，如此而已。

有时候吵架，吵完了，他拿着剥好的核桃往她嘴里喂，她不张口，他就野蛮地扳过她的头，撬开她的嘴，硬往里喂。她吃下去，愤怒的心，忽然就熄了火，渐渐暖起来。她想，他是自己前世的冤家吗？

这一次吵架，吵完了，男人突然说累了，要分开。然后，男人拿出早就准备好的离婚协议，丢给她，自己收拾东西，搬走了。

一直在期盼这一天，可这一天真的来了，女人却发了蒙。没有人和她争电脑，没有人粗声大嗓地指责她菜里的盐放得太多，她心急时，也没有一个可供发泄的对象，女人觉得不习惯。冷清寂寥的家，让女人很落寞。

女人收拾衣柜，男人的衣服都拿走了，那根空出来的挂衣竿，摸上去像条冰冷的蛇。挂衣竿曾经那么拥挤而温暖，他皱巴巴的衬衣，他从不肯穿的西服，还有那些毛衣，是她为他织的，虽然针脚凌乱，样式也笨拙，可他喜欢。这个冤家！女人骂着，赌气地把枕头扔向衣柜。枕头砸在毛毯上，又弹回来，毛毯倒了，露出一个瓶子，女人惊奇地发现，竟是满满的一瓶核桃仁。这是男人喜欢玩的游戏，每次买了好吃的东西，男人都会偷偷藏起来一些，等她吃完了，再出其不意地拿出来，给她一个惊喜。

女人忽然想去剥一个核桃，跑到街上买了一兜回来，学着他的样子，用螺丝刀去撬，才发现，螺丝刀根本就钻不进去。又用牙咬，坚硬的核桃皮，把她的牙硌得生疼。女人有些生气，找了一把小锤，对着核桃用力一击，“啪”，核桃碎了一地……

女人扔了锤子，坐在地板上，5 点 27 分，暮色四合，全城的人都在回家的时候，她流泪了。她忽然发现自己竟然这样想念男人，那个坚硬倔犟的男人，那个吵架从不让她、过后又主动求和的男人，那个从来没让她剥过一个核桃的男人，他其实是爱她的啊！

她流着泪，抱着那瓶核桃，一粒一粒地去吃。在唇齿溢香的同时，她忽然懂得了核桃的语言。是的，她的男人，不是儒雅俊朗的风流才子，不会为她构筑浪漫和传奇，他只会剥核桃，去掉坚硬的壳，把最香最富营养的东西给她。核桃不说话，可那一个个小小的核桃里，却藏着他从来没说过的爱。就像他，有着坚硬的外壳，会强硬地和她争吵，可是剥掉壳之后，里面却藏着一颗香润饱满的心。那是他最深的心疼和爱怜，只有细心品尝，才能咀嚼出芬芳的滋味，历久弥香。

不挑食的老婆

文 / 何是

老婆总是很郑重地说：我从不挑食。看着她一副认真的模样，我忍不住笑了。其实，挑不挑食都不重要，重要的是，我知道她爱我，愿意为我扮演一个“不挑食”的媳妇。

我家附近有两家比较好的饭店，一家是川菜，另一家还是川菜。亲朋好友来我家，吃饭必在这两家选一。每当这时我都很痛苦，因为我实在顶不住那和店家一样热情洋溢的辣椒。吃饭时我老婆总会一脸嘲笑地对别人说：“我老公真娇气，还挑食呢。看我，从来不挑食。”

说实话，一再标榜从不挑食的老婆确实不挑食，只是这个“食”已经是挑过的，除胡萝卜、海带、冬瓜等很长一串名单以外的食品才属于她不挑的范围。

和老婆刚谈恋爱那会儿，每次一起吃饭都是对两个人耐心的考验。老婆从来不肯点菜，问她吃什么，她都是说：“你定吧，吃什么都成。”然后来一句：

"我从不挑食。"听了这句话，我那叫一个感动，恨不得眼泪哗哗地，心里一个劲儿对我妈说："妈呀，儿子给你找了个好媳妇啊，好养活，什么都不挑！"

等到真正点菜时，我每看好一道菜就热情洋溢地问她行不行，她说再看看吧。接下来就是我不停地问行不行，她不停地说再看看，搞得服务员莫名其妙。每次点菜基本上都是我把菜单念一遍，她说某几道菜可以。几次下来，我都能把饭店的菜单背下来了。这时我才恍然大悟：她这哪儿是不挑食啊？简直就是挑剔！可是没办法，我已经稀里糊涂地上了"贼船"，只能在心里再次对我妈说："妈，你就当没听见我说什么吧……"

老婆爱挑食我并不在意，关键是，她总是把"挑食"的头衔转嫁给我，自己还总表现出一副特无辜的样子。有一次带她去外地玩，当地工作的同学负责招待我们。当我们走进饭店时发现海鲜已经摆满了一桌子，讨厌海鲜的老婆很郁闷，勉强吃了一些。同学问她怎么不吃，她回答说吃饱了，并认真地申明她从不挑食，末了还加上一句："这点我老公最清楚。"听到这里我差点儿把嘴里的酒喷出来。我和同学吃得热情高涨，期间不住偷眼看她，她那百无聊赖的样子实在很好笑，只是我不敢笑出来。

好不容易挨到吃完，老婆坚决谢绝了同学开车送我们回酒店的好意，说要自己转转。一待朋友离去，老婆就委屈地说："你怎么这样啊，只顾自己吃，我还饿着呢。"我装傻说："你不是说吃饱了吗?"她恶狠狠地瞪我一眼："瞧你那死样，你得意吧。走，陪我再吃点儿，你只许看不许吃。"

这一次，从她开始吃到吃完回酒店，一直在批评我不厚道，只顾自己吃。我对她说："下次点菜时你就直说呗，有什么不好意思的。"她说："那哪成，多不给人家面子。我有个办法，你直接说你不吃不就行了吗?"看我一脸要拒绝的样子，她急忙横起来，说："你要是不同意，我马上打电话给你妈，说你不让我吃饭！"天！她居然连我妈都抬出来了，我只好一边暗暗叫苦，一边再次向我妈"忏悔"。

再吃饭点菜时，同学点一个问一次“行不行”，我听一个回答一次“再看看”。同学很诧异，问我怎么了，我只好说突然想改口味了。同学说：“你小子什么时候变得跟女人一样?”我只好“嘿嘿”地笑，几次想解释，老婆的手已经放在我腰上准备开掐，我于是自认倒霉，打消了反革命念头。

那一次的结果是认识我的地球人都知道我爱挑食，当然我也知道了怎么让老婆在聚会时不挨饿，也算有得有失。虽然名声不太好，我也只能认命。

第一次带老婆回老家时，我心里忐忑不安。我跟老婆说如果挑剔饭菜，后果会很严重。老婆还是眨眨眼，说着那句千年不变的话：我从不挑食。

因为事先老婆不让我妈提前准备，结果我在餐桌上发现了胡萝卜和海带、冬瓜的身影，这让我一阵紧张。我妈问她喜不喜欢这些，她还是那句经典的回答：我从不挑食！她那干脆利索的回答让我巨寒，忍不住浑身直起鸡皮疙瘩。当看到我妈把那些“禁菜”朝老婆碗里夹的时候，我的心都吊到嗓子眼儿了，虽然知道老婆不会说不喜欢吃，但还是怕她不吃带来尴尬。急中生智，我连忙说：“老婆，你是不是吃不完？别浪费了，把你的给我吧。”老婆眨巴着眼一脸无辜地说：“我还没吃饱呢，妈妈做得那么好吃，你干吗不让我吃饱啊？妈你给评评理，他不让我吃!”我妈很高兴，一直在笑。

当看着她大口吃下那些胡萝卜时，我心里很感动，我知道，她是真心想让我妈高兴。

不过从老家回来之后，她还是一如既往地把胡萝卜等排除在菜单之外，然后再加一句话：我从不挑食。看着她一副认真的模样，我忍不住笑了。其实，挑食不挑食都不重要，重要的是，我知道她爱我，愿意为我扮演一个“不挑食”的媳妇。

最美的行走

文 / 李武西

她曾经是舞蹈学校最出色的学生，体态轻盈，舞姿优美。尤其让她骄傲的是自己有一双修长健美的腿，圆润、光滑、匀称，走起路来，脚下仿佛踩着弹簧，身体是跳跃的。在那所美女如云的舞蹈学校里，她是最耀眼的一颗星。所有的人都认为，她会成为最优秀的舞蹈家。

他是她邻家的男孩儿，敦实、憨厚，算不上青梅竹马，只是一起长大的玩伴。他长她两岁，带她出去玩儿，她总是乖巧地围着他转，一口一个"哥哥"地叫，脆脆甜甜的，叫得他的心，像夏日湖面上粼粼的波，颤颤的。他们在同一所学校读小学读初中，她有时会坐在他的自行车后面，悠然地荡起修长的腿，任他轻巧地从洒着厚厚绿荫的马路疾驰而过。

他们的路，自然是不同的。她的父母都是教授，从小就培养她弹琴跳舞，初中毕业后送她上了最好的舞蹈学校。而他，只是普通工人家的孩子，读初二那年，父母又双双下岗，靠着一个小小的杂货店艰难度日。高中毕业，他没有考上大学，报名参了军。在遥远的西藏，乡愁泛起时，他想得最多的，是她粲然明媚的笑容，还有那双轻轻跷起的腿。

5年过去，他从部队转业回来，在一家公司做保安。她的家早已搬走，他没有再刻意去找她。他想，或许，有些人出现在你的生命里，只是用来想念的，和爱情无关。只是，他迷上了电视里的舞蹈节目，他看着她们玉臂轻舒舞姿盈盈，觉得自己的心上，又颤颤地起了微波。

他没想到还能遇上她，在一家图书超市，他正在挑书，忽然觉得有一些异样，转回身，就看到了她。她还是那样清秀优雅，脸上是灿若鲜花的笑容。只是，她坐在轮椅上，长长的裙摆下面，那双曾经圆润修长的腿，此刻木然低垂。她告诉他：是一场意外的车祸，在他走后第二年，她，再也不能跳舞了。

他向她求婚，却遭到他父母反对。是的，她家境良好气质优雅，却终究是身有残疾。而他，虽然家境贫寒，可要找个能帮他洗衣做饭的健康女子，并不是难事。他却固执地坚持着自己的选择。没有人能理解，他对她，不是怜悯不是同情，而是爱。那爱已经积蓄了20多年，他以为不会再有机会，却没想到，上帝竟以这种方式成全了他。

他带着她，在租来的房子里，安了一个家。他买来水泥和沙子，把门前的台阶都改成缓坡，给马桶的两边装上扶手，把洗脸盆改到她在轮椅上能够得着的位置。开始的时候他还去上班，有一次她在家里摔倒之后，他就辞了工作，专门在家照顾她了。仗着曾有几分文学功底，他开始给一些报刊写稿，微薄的稿酬，也可应付他们简单的生活。

很意外地得知，国外有家医院能治她的腿。她的父母拿出所有积蓄，送她出国治疗。漫长的6个月，她从扶着双杠，到拄着双拐，到拄一根拐杖。医生说，只要再坚持治疗半年，她就能完全恢复正常，如果恢复得好，重返舞台也是有可能的。她父母甚至重新给她报了美国的学校，告诉她，等腿完全恢复了，就留在这里，不要再回去了。

不是没有犹豫的，她无数次地幻想自己重新站在舞台上，灯光打下来，身姿舞起来，多么的曼妙和优雅。可是，没有他，她的心是空的。她一直没有觉得自己有多爱他，可是在那没有他的一百多个日子里，她真真切切地体会到了爱的滋味。那些曾经被他填满的时间和空气，就这样一点点地淡薄下来，使她几乎难以呼吸。她知道，自己该回去了。她甚至不愿等完全恢复了再回去，因为，那个爱她的男人，会因此而主动离开，他总是觉得自己配不上她。

她回去的时候，拄着拐杖。他去接她，没有惊喜，没有眼泪，只是平静地握住她的手，轻声说：扶着我，咱回家。她的手搭上他坚实的臂，仰脸看着他黑红的脸膛，她觉得自己的心，忽然就安定了。

10 年后的今天，我在新搬来的小区里看到他们，她拄着一根拐杖，一条腿微向左跛，他紧紧扶着她，身子也往左偏。两个人，居然是一模一样的走姿。我从别人口中知道了他们的故事：她为了能一辈子跟着他，舍弃了健康；他健康，却因为要搀扶她，腿也那样一瘸一偏，艰难缓慢地前行。他们用世界上最特殊的走姿，印证了爱情的坚贞和美丽。

轻松搞定懒虫老公

文 / 积雪草

结婚之前，我怎么都没看出来老公还有“懒”这一特长和优点，每次见我，头发梳得纹丝不乱，衣衫光鲜，步履轻盈。一起吃饭会主动为我拉坐椅，递纸巾，偶尔去我家，什么活都抢着做。老妈烧饭，他就帮着打下手，老妈心花怒放，偷偷贴在我耳边低语：丫头，你有福了，这么勤快的小伙子打着灯笼都难找，还犹豫什么啊？

谁知结婚后，老公原形毕露，不但什么家务活都不做，而且臭袜子、脏衣服到处乱丢，连剃须刀每次用完都要我给他冲洗。下班回家，坐在沙发上充分享受君子动口不动手的乐趣：“亲爱的，帮我拿拖鞋。”“亲爱的，今天的报纸哪去了？”“亲爱的，帮我倒杯茶。”

我差点晕倒，天，这哪里是嫁了个老公，分明是找了个大爷。女友说男人都有懒病，但是老公的懒，无人敢与之“争锋”，如果评选最佳懒虫老公，只怕他当之无愧。

我到外地出差半个月，回来后家里一片狼藉：厨房里是吃剩的饭菜，冰箱里的食物长了绿毛，客厅里报纸满地，简直惨不忍睹。这哪是家啊，简直就是猪窝！

也曾和老公非常正式地签署过一份家务分工协议，只是这招并不管用，他每天不是加班啊应酬啊，就是出差，所有的家务事还是我一个人在跳独舞。越想越觉得委屈，跑到女友那儿诉苦。女友笑言，我教你两招，保准搞定你的懒老公，我半信半疑地回到家里，准备试试。

周日，老公的朋友要来家里玩，已9点了，他还赖在床上不肯起来，我急得像火烧了房，再过半小时，客人就要来了，这家里乱七八糟的，在朋友面前有什么颜面？我告诫自己，沉住气沉住气，老公不起床我也不起床，看看谁着急？我在老公耳边不停地吹风："9点了，你朋友来了，看到我们家又脏又乱，会不会到处乱说啊？我们会不会很没面子啊？"老公惊醒，一下子爬起来说："赶快打扫，我帮你。"三下两下穿好衣服，铺床叠被扫地，做好卫生刚好9点半。

朋友敲门，进屋环视一圈，见窗明几净，惊奇地说："你们家真干净，请钟点工了？"我适时地把老公隆重推出："这都是我老公的功劳，没有他的帮忙，就算我长了三头六臂也做不完这些家务。"老公一脸自豪地站在旁边，谦虚地客气着。

我转过头偷笑，看来这马屁功初见成效。

想来老公也不是天生就懒，还有得救。有一天我在家里洗衣服，不小心把电闸顶掉了，于是大呼老公救命，他懒洋洋放下书过来问我，怎么了，我说可能是电线短路，洗衣机不转了。他不屑一顾地说："多大点事儿，把电闸推上不就完了吗！"我忙做小鸟依人状："女人天生对电啊机械类的东西不感冒，那是男人的强项，你帮帮我！"老公把电闸推上，洗衣机又开始"哗哗"地转，我忙一脸崇拜地说："老公真厉害，手到病除。"于是乘胜追击："咱们家的电风扇都坏了一年了，你也给修修？"老公说："小菜一碟。"于是那个上午，老公把风扇修好了，给空调做了保养，把电视机里的灰尘清除干净。

看着老公干得满头大汗，我不失时机地表扬他："想不到老公这么能干，比我强多了，以前我怎么没发现呢?"老公得意地哼起了歌，说："你老公的优点还多着呢。"

我暗自得意，女人示弱具有意想不到的功力，可以激发男人潜意识中的强者意识，果然不同凡响。

想想以前，我常用河东狮吼功，非但没有改掉老公的懒病，而且还更加恶化了。你说他睡懒觉，他索性睡到日上三竿；你说他邋遢不修边幅，他索性一个星期不换衬衫；你说他没责任心不顾家，他索性连晚饭都不回家吃。这是典型的破罐子破摔定律，也是婚姻生活的误区。

说了半天，别人会问，这么懒的老公，怎么还能容忍?其实老公有很多优点，比如聪明能干，在公司里独当一面。懒，只是婚姻生活细节中的微疵，整体上看是瑕不掩瑜。有一次我忘了带钥匙，去老公公司找他，他正在主持会议，我只好在外面等，门开了一条缝，我望进去，一下子便呆住了。他正在侃侃而谈，逻辑清晰，条理分明，思维敏捷，已有女下属做痴迷状，我从来不知道他的口才这么好。在家里我看到的只是他的简装版，闲散、随意，甚至有些邋遢，不拘小节。可家是让人放松的地方，整天做河东狮吼状，老公烦，我也累，还是耍点小计才是上上策。

有一日，和老公相对喝茶，暗自得意老公最近表现尚佳。不承想，老公贴着我的耳朵说："别翘尾巴，你玩儿的那点什么以其人之道还治其人之身，什么马屁功、温柔功、示弱功，当我不知道啊，之所以配合你，是因为看在你对婚姻对这个家用心良苦的分儿上。"

我一下子面红耳赤，心中一酸，眼泪落下来，这个臭男人什么都知道，还配合我演戏，像真的一样，也难为他了。老公看我落泪，忙嬉皮笑脸地说："嘿嘿，别委屈了，我认罚，配合你演一辈子戏还不行吗?"

我破涕为笑。

离婚让我如此幸福

口述 / 阿梅　文 / 梧桐听雨

马克思说："结婚和离婚都是幸福的。"结婚的幸福显而易见，而离婚的幸福犹如凤凰涅槃。它是无可奈何的婚姻大火锻打的结果，痛苦而艰辛，曲折而不凡。结婚的幸福使人快乐，离婚的幸福让人坚强。

当他开始嫌弃我身材的时候

结婚10年的时候，杜斌对我嫌恶的表情越来越明显。正是夏天，我们到海边游泳，穿上泳装的我看起来肉肉的。我笑着朝杜斌跑过去，亲热地拉起他的胳膊，他却沉着脸甩开我，目光阴郁地对我说："你看你胖成什么样了，早就叫你别贪吃了，还吃，像猪一样！"

杜斌的话深深地刺伤了我。从旁边经过的两个泳装女郎显然听到了杜斌的话，充满同情和鄙夷地看了我一眼，故意扭着盈盈一握的腰肢从我们面前走过去。杜斌的目光，肆无忌惮地追随着她们。

我强忍住夺眶而出的眼泪，跑到更衣室换下泳装，穿上了休闲服。整整一天，我以身体不方便为由坐在遮阳伞下，抱着杜斌的衣物，拿着零食和矿泉水，看着杜斌在海水里和几个身材一流的女孩嬉戏，心里酸酸的、涩涩的。杜斌的冷淡和放肆让我暗下决心，一定要减肥，不减成骨感美人绝不罢休。

回程的车上，我宣誓一样地向杜斌表示了要减肥的决心。杜斌淡淡地附和：你早该减肥啦。

我扭过头看车窗外后退的风景，心里钝痛。不知道是出于厌倦还是我的确变得臃肿难看，杜斌和我说话的语气越来越不耐烦。有一次我们为家务琐事吵架，杜斌的一席话让我目瞪口呆，他说：想支配丈夫就要有支配丈夫的魅力，你看你胖得连腰都没有了，不会唱歌不会跳舞，想带你出去应酬都没法带出门。

杜斌的话语像一记响亮的耳光扇在我的脸上。自从生了女儿后，我的身材就再也没有恢复到婚前的苗条，试过减肥，但是每次都只是嚷，真要让我节食，我可坚持不下来。我热爱美食，总觉得美食是人生的一大享受，而且我总觉得30出头的女人就是有点儿肉也没有关系。我身高1米65，体重60公斤，自我感觉并不算胖，只不过不是现在流行的骨感美人罢了。前几年的时候，杜斌并不曾嫌我胖，他说女人就要有一点儿肉看起来才性感，要是像排骨的两个人睡在一起不是硌得慌？

但是现在杜斌屡屡拿我的体重说事儿，我质问杜斌，他理直气壮地说：人的审美观是会变化的，现在流行骨感美人，那样的女人才性感，穿衣服才好看，男人带出去才有面子。

电视里常有模特大赛，每次杜斌都指指点点地对我说：你看人家，你看看人家的身材。

我知道，当一个男人对妻子的表情越来越不耐烦，开始对妻子的一言一行都不顺眼的时候，也就意味着曾经的爱已经开始游移。我从杜斌嫌恶的目光里看到了婚姻的危机。他很少回家，频繁地加班出差。一个热衷于加班出差的中年男人，如果不是事业心膨胀，就是对家或者是家里的人感到厌倦。杜斌很明显不属于前者。他在家的时候，一般不屑于和我说话，柴米油盐家长里短的话题他说庸俗，好似他不食人间烟火。他一开口，就是用那种不屑的目光和语气批评我，说我不懂打扮，说我胖得像猪一样，说我没有情趣。开始的时候，我很受伤，忍不住和他大吵。可每次吵过后，他依然如故，于是我开始反省自身，怀疑自己是不是就像他说的那样惨不忍睹。我的自信在他的打击下渐渐消失。

那一段时间，我看了很多有关中年夫妻婚姻危机的文章，文章里都在讲聪明的妻子是如何改变自己的黄脸婆形象，让自己变得年轻时尚漂亮，从而挽回丈夫的心。看看这些五花八门的技巧，我不禁怦然心动。

我唯一能改变的就是体重

其实我从来都只是个相貌一般的女人，年轻的时候就不曾漂亮过。我知道自己再怎么努力，也不可能变得年轻时尚漂亮，更何况我已经是一个35岁的女人了。唯一能改变的就是体重。

我先去美容院办了一张卡，按时去做护理，然后烫了发，还染成杜斌喜欢的酒红色。接下来，我开始郑重其事地减肥，我告诉自己一定要坚持下去。是，你不漂亮，也不年轻了，但是，你不可以像猪一样。

我的减肥菜单几近苛刻。早餐一杯豆浆一个鸡蛋，中午只吃青菜和水果，晚上是一个苹果。晚餐对我是一个巨大的挑战，我亲手做出的美食却只能看着杜斌和女儿享受，我在旁边咽着口水啃着苹果。女儿一个劲儿地喊我吃饭，我把目光投向杜斌。他吃得嘴角流油，看到我的目光，轻轻“哼”了一声说：想吃就吃吧，我又没逼你减肥。

我“哼”了一声走开。他这种无所谓的态度刺激着我把减肥坚持下去。他笃定我做任何事情都是半途而废，而这一次，我要坚持给他看。

疯狂的节食让我的肤色越来越苍白。父母对此大为不解，问我都三十几岁了，怎么还和小姑娘似的玩减肥。我笑着对他们说，三十几岁就不能爱美了吗？其实我何尝不在心底为自己感到悲哀。物质如此丰盈，我却每天饿得头昏眼花，真是楚王好细腰，宫中多饿死。

杜斌的日渐晚归，还有他身上时有时无的陌生香水味儿，都让我感觉到他的脚步已经游离在我们的婚姻之外。而我，想守住我们的婚姻，守住我们曾经的誓言，唯一能做的便是和我的体重较劲。杜斌他不是一直拿我的体重说事吗，当我减肥成功的时候，他再也不会用那种嫌恶的目光看我了吧？明知道这只是一根稻草，我却拼命地抓住它不放。我害怕让自己的心空下来。

在我饿得眼冒金星的时候，杜斌却和我摊了牌。他爱上了一个有着模特身材的女人，坚决要和我离婚。我强忍住夺眶而出的泪水，问他们有多久了。杜斌说，他们在一起将近一年的时间了。这一次，他是下定决心和我谈离婚的事情。他说，你离也得离，不离也得离。他的绝情让我几近崩溃，我问他为什么，他说我臃肿难看，没有什么业余爱好，一天到晚只知道柴米油盐。那个下午，在他提出离婚后，振振有词地说了一大通我的不是。还是那种不屑的语气，嫌恶的目光，就好像我们的婚姻走到这一步，他爱上别的女人，都是因为我的不堪引起的。

我无言以对。最后说了这样一句话，要离婚，也可以，等我减肥成功了再说。

杜斌狠狠地盯着我，骂了我一句“神经病”，摔门走了。

我感觉不到心痛，只觉得心里木木的。将近一年多的时间，杜斌对我的刻意冷漠和忽视让我对这一天的到来已经有了心理准备。虽然我每次都安慰自己，这一天永远都不会到来。

也许只要我瘦下来，杜斌就不会再嫌弃我。我莫名其妙地亢奋起来，第二天便去报了一个跳健美操的班。别人只跳一堂课，我跳两堂课、三堂课，跳得筋疲力尽肚皮空空后回家倒头就睡，合上眼睛的那一刻还在计算当天消耗了多少卡路里。

不几天我就发现班里像我这样的中年妇女有好几个，笨拙地跟着教练卖力地跳着。休息的时候闲聊，大家都有些同病相怜。人到中年身材变形本是人之常情，你看有哪个妻子嫌过丈夫的大肚腩，可是丈夫呢……真是一言难尽。

我们相对苦笑。音乐声起，我们回到队列里，恶狠狠地跳着。不是为了兴趣，也完全顾不上对自己的疼惜，心里只剩下一个念头，一定要瘦给他看。

疯狂的节食加上运动，我终于体力不支昏倒了。医生对我说，不能再节食了，你现在已经患上了轻微的厌食症，再这样下去，身体会完全毁掉的。

我对医生说：不行，我太胖了。

医生诧异地看了我一眼：你胖吗？真不知道现在的人是怎么回事，明明很匀称的身材，偏要说自己胖。在那一瞬间，我潸然泪下：一个陌生的医生都比丈夫肯定我，我为了一个不懂得欣赏自己的男人自我折磨，值得吗？

幸福的女人要学会爱自己

在父母和医生的强制要求下，我在医院住了3天。这3天，我静静地躺在病床上，从减肥的亢奋中渐渐平静下来。父母一个劲地念叨着我瘦了，出了院要给我好好补补。在他们的眼里，我一点儿也不胖，他们看到的都是我的好，因为他们对我有爱。而杜斌不断地打击我，把我的自尊踩在脚下，是因为他对我已经没有了爱。不仅没有了爱，他还要想方设法地逃出我的爱，一个背叛了婚姻和誓言的男人，总要给自己找一块遮羞布，然后堂而皇之地另结新欢。于是，他开始拿我的体重说事，一步步对我进行全盘否定。而我，一个曾经善于思考热爱生活的女人，最后竟然也犯这样低级的错误，在丈夫的不屑下，开始怀疑自己，否定自己，把全部的人生价值依附在丈夫身上。一旦丈夫对自己全盘否定，自己的人生也跟着崩盘，甚至不给自己思考自省的时间。

这3天的时间，我的身体被禁锢着，我的思想却开始活跃起来。从我住院起，杜斌连一个慰问的电话都吝于打，更别说来医院看我。他对我的凉薄可见一斑，这样的婚姻，还有固守的必要吗？我本就是一个普通的女子，自然有很多不完美的地方，人生这样短暂，我何必苛求自己？我要让自己过得轻松惬意。

出院后不久，我就通知杜斌办理了离婚手续。走出民政局的大门，我长长地吐了一口气，如果说离婚是一场伤筋动骨的手术，我告诉自己，把杜斌看做一个毒瘤。将一颗毒瘤从自己的生活中剥离，这是幸运，而不是不幸。

短暂的沮丧过后，我欣喜地发现单身生活的好处。首先，我又可以享受美食了。当我坐在阳台上，一杯香浓的咖啡，一碟自制的松仁饼干，会让我情不自禁地眯起眼睛去享受唇齿间的芳香，那种享受是无比美好的。其次，我不必再为某个男人游移的心而痛苦不堪。两个人在一起的时候幸福需要一同努力，现在我一个人，幸福就全由我自己来决定。而最重要的一点是，不会再有人用那种不屑的语气来打击我、伤害我，让我每天生活在自我否定、自怨自艾之中。如今，我重拾自信，清醒看到自己的不完美，但是，我并不打算劳心费力地改造自己。我入不了一个男人的眼，没关系，总有一天，我会被另一个男人青睐。退一万步说，我还入得了自己的眼，我被自己呵护着、怜惜着。

其实单身生活让我真正获得心情的轻松。

工作之余，我开始寻找生活中更多的乐趣。我申请了一个QQ，加了一些和我年龄相近的朋友。我们在QQ上互相讲述自己的生活和婚姻。交谈中我发现，婚姻危机是中年女人普遍面对的一个问题。而很多朋友和我一样，在遭受丈夫的不屑和指责后，变得消沉和自信心全无。她们首先想到的也是改变自己的黄脸婆形象，想用全新形象赢回丈夫的心。我告诉她们没用，你再怎么变，又怎么能和青春无敌的小女生争宠？男人的心已经走了，才会肆无忌惮地打击你，而他打击你的种种不过是他变心的借口。

我讲述自己的经历，告诉她们自己的感悟：我们都是不完美的，不完美的我们要学会呵护自己，怜惜自己。一个爱你的人自然也会包容你，作为女人，实在没有必要削足适履地去改变自己。我们可以活得从容，对自己更好一点。人生这么短暂，我们为什么要活得那么沉重？在离婚成为平常事的今天，只要你自己不介意，没有人会对你的离婚评头论足，就算有，也不过是一时，绝不会是一世。

身边的朋友都说我变了很多。离婚以后的我反倒变得阳光大气起来，变成了一个很会生活的女人。我用调侃的语气对他们说，是因为离婚让我如此幸福。

秋日的午后，我和杜斌劈面相逢。他一如往常，离婚并没有让他看起来春风得意，反倒是我，一副神采奕奕的样子。他看着我，迟疑地说：你变了。我笑笑：是吗，好像我还是那么胖。

杜斌的脸红了，讷讷地说“对不起”。他说：你好像生活得很开心。

嗯，没有人整天打压我了，我能不活得开心吗？我调侃杜斌，转身离去。也许我的背影不够优雅，但是足够快乐。我能感觉到杜斌的目光里有不舍，但是已经与我无关了。

如今，我的 QQ 签名档里这样写着：离婚是一件幸福的事。我不是矫情，而是真的从离婚里学到了很多，最起码的一点，我学会了呵护自己，怜惜自己。我想，作为一个女人，不管她是不是离异，只要她懂得了这一点，就一定会是个幸福的女人。

老婆减肥，老公受罪

文 / 远均

我对老婆说，其实你并不胖，就是壮了那么一点点。狡猾的肥婆，眨了眨眼睛笑道，咱们家不能少了我这个免费的保姆是吗？

刚结婚那会儿，小肥婆还是一个苗条可人的女子，可从生了小宝贝以后，她便变了模样，当然离“肥姐”还差着一大截呢。可是即便这样，她仍然不能容忍自己日渐丰满的身体。

在家里，肥、胖这样的字眼已经被划到禁用的范畴，肥婆对这样的字眼敏感到谈虎色变的程度。非说不可的时候，我也只能轻描淡写地越过，比如肥肉，我只好说是白肉；比如形容一只鸡很肥，对肥婆我只能说，今天买的这只鸡很富态。一不留神，仍然会踩到雷区，肥婆会一脸神往地怀念当初的魔鬼身材和美丽脸蛋，然后便一脸苦大仇深地声讨我，认为她之所以沦落到今天这种地步，我是罪魁祸首。我冤不冤啊！

从此减肥便被提到日程上来。说起减肥的经历，那真是一把辛酸一把泪，句句都带着美丽的苦难。她常常感叹，恨自己生不逢时，偏偏生在这样一个以瘦为美的时代，如果时光可以倒流，回到唐朝，那是令人何等惬意的事情啊！

其实肥婆并没有发展到大腹便便、肥壮如牛，仍属于勉强可以接受的范围。只是有一天和她一起去逛街，一个偶然事件严重刺激了她并不坚强的神经。在太平洋百货，肥婆看中了一件小衫，领口、袖口都设计得十分精巧细致，只看一眼她便喜欢上了这件衣服，让售货小姐找个号码给她试试。售货小姐上下打量一番，然后冷冷地说，没有你穿的号。肥婆不信，央她找件最大的号试试，结果是穿上了却扣不上扣子。肥婆当即面红耳赤，走出老远，还听到售货小姐在嘟囔：以为自己有多苗条呢!

回到家里，她一天没吃饭，决定洗心革面，重新做人。

肥婆重新做人，可害苦了我，顿顿青菜豆腐，不见荤腥，成了地道的素食主义者。只是她却并没有瘦下来的倾向，依旧茁壮成长。相反，倒是我越来越像豆芽菜了。

肥婆咬牙切齿，该瘦的人不瘦，不该瘦的人倒是瘦了，这不是成心使她难堪吗？于是开始采取其他行动。她的首选便是减肥茶，兴高采烈地诱导我把口袋里的钱心甘情愿地拿出来。她不断地启发，你想想，悠闲地喝着茶，便把肥肉轻松地减掉了，岂不是美事一桩！你再想想，每天挎着一个美女上街，是什么感觉？天哪，肥婆善于攻心战术，说得我有点晕晕乎乎，兴冲冲地跑到药房里，买了一大堆的减肥茶，乐得售货小姐眉开眼笑的，大约这个月奖金不会少拿了。抱着一大堆减肥茶回家，肥婆一边认真仔细地阅读说明书，绝不亚于考大学那会儿，一边抽空表扬我两句，灌点迷魂汤之类。

肥婆皱着眉，把一杯杯减肥茶喝下去，头两天还没有什么感觉。但是两天后，她便干渴难忍、嘴发苦，有异味，胃肠里哗啦啦地响，犹如敲锣打鼓，一趟一趟地跑洗手间。最急人的是，她们公司在小会议室开高层主管例会，讨论她写的计划书，而她竟不争气地一趟一趟往洗手间跑。老板用疑惑的眼神看她，Miss 王，你有什么意见？上帝知道，她能有什么意见，可怜肥婆有苦说不出，眼泪汪汪地直摇头。

减肥茶的滋味并不像她想象的那么好受，到后来，她几乎是捏着鼻子往下灌，一个月下来，只减掉了 1.5 公斤，刚刚换了一套瘦一点的套装，就有眼尖的女同事说，以后别穿这么瘦的衣服，会显得更胖。她听了，差点吐血。

回到家里跟我发狠，一定要减得比那女同事还苗条。我奉劝她，算了，何必跟自己过不去呢？你还是我们孩子他娘，为了孩子你要保重身体。她白了我一眼，你盼着我长得像泰山那么壮，然后找借口休了我，另结新欢？有目标了？

我气结，好心竟被她倒打一耙。下班回家，我做了一桌丰盛的美食，大快朵颐，肥婆在边上看着，像一只可怜兮兮的小馋猫。我乘机劝她过来吃点，然后再继续减肥。肥婆心有不甘，可又禁不起美食的诱惑，最后破戒，抄起筷子，直奔一只红烧蹄髈而去。

我心惊胆战地喊，亲爱的，你悠着点。

没过多久，肥婆又选择了减肥皂，一相情愿地对我说，洗洗澡就减肥了，何乐而不为呢？肥婆于是每天早也洗晚也洗，成了讲卫生的好孩子。可情况一样不容乐观，皮肤变得干燥发紧，并且有该小的地方没小、不该小的地方反而小了的趋势，吓得她弃了减肥皂，逃之夭夭。

听人说“7 日瘦身汤”的效果显著，既天然环保，又花不了多少钱，也就是西红柿、苹果、蔬菜什么煮成一锅糊糊汤，每天喝一碗。这个提议得到了我的强烈支持，关键是既对身体没有副作用，又省钱啊！我一改往昔的懒散作风，亲力亲为，为肥婆煮汤，肥婆直夸我是个好男人。喝了 7 天，到后来肥婆几乎一看见那 7 日瘦身汤，就想吐，脸儿和那汤一样绿，眼泪汪汪的。我心疼得不得了，说了一句让肥婆温暖三冬、记忆犹新的话：“老婆啊，尽管咱们家没多少钱，你也别太节省了，咱们犯不着喝这样的汤，山珍海味吃不起，一碗粥的钱还是有的，实在不行，我还可以兼两份职，何至于让你吃那个呢？像猪食。”

肥婆感动得一塌糊涂，但减肥的决心却并没有因此而动摇。肥婆以前做别的什么事情都没有恒心，但这次却义无反顾。这一回她选择了减肥胶囊，要说这减肥胶囊可比那些减肥办法成本高多了，我的钱包好像越来越瘪，我有点心疼，但为了肥婆，这点痛算什么。

要说还是这减肥胶囊厉害，吃了没几天，肥婆便晕晕乎乎，走路轻飘飘的，人瘦是瘦了一点，可是有一天出差去北京，竟然晕倒在半路上。减肥减到晕倒，真是丢人丢大了。不过她还是满心欢喜的，瘦了意味着可以告别休闲衫，从而穿上漂亮时尚的时装。她满心欢喜地去公司上班，同事关心地说，你最近气色不好，脸上的皱纹也增多了，别工作起来不要命，有时间去看看医生，身体才是革命的本钱。她听了，心里灰灰的，减掉几斤肉换来的一点点喜悦，硬生生被掐灭在襁褓中。

好在她是一个有毅力的人，她的信念是：生命不息，减肥不止。写了条幅挂在床头，每天早晚诵读。

夏天到来的时候，大街上的窈窕淑女成了一道亮丽的风景，肥婆减肥的念头又蹦出来了。这次她听从了我的一个医生朋友的建议，减肥也无非就是节食和运动。

运动好办，踢踢毽子、跳跳绳、转转呼拉圈、做做俯卧撑、骑骑脚踏车，再有就是跑上几公里，游泳也是不错的选择。常常是，我坐在旁边，悠闲地喝着茶，然后帮她计数，肥婆香汗流到脚后跟，没忘记骂我没心没肺，动摇她的士气。两周下来，她都快成运动健将了，过去白皙的小脸儿变成了黑煤球，换来的减肥成果是用软尺一量，她的小腿足足粗了两厘米，吓得她再也不敢盲目运动了。

最难过的还是节食。肥婆每天只吃一个苹果，一周下来瘦了5斤，只是那非人的待遇简直是自虐。她饿得眼冒金星，看见食物两眼熠熠放着绿光，恨不能一口吞下一头大象，一周之后，瘦掉的 5 斤被恶补回来还有余。

肥婆一直这么折腾，我看在眼里，疼在心上。有一天，我找了个有情调的时间，期望能够感动她。我拥住肥婆说，其实你并不胖，就是壮了那么一点点，可是这并不影响我喜欢你，我和儿子都需要你，你若有个三长两短，我和儿子便都不能活了。咱们别折腾了，好吗？狡猾的肥婆，眨了眨眼睛笑道，你的心意我都明白，咱们家不能少了我这个免费的保姆是吗？我差点晕了过去。

肥婆笑吟吟地指着墙上的条幅说：生命不息，减肥不止。

天哪，看样子新一轮的减肥大战，即将风烟再起。

爱情不倒翁

文 / 卫宣利

只要心里有一根弦在支撑着，我们每个人都可以做一个爱情的不倒翁，愈挫愈勇，越失恋越美丽。那根弦，有一个温暖的名字，叫爱。

17 岁，她正青涩，矮胖身材，戴黑框眼镜，剪短短的头发，单纯、羞涩，是被男生私底下称做“丑小鸭”的那类女生。可是她，却暗恋最帅的学长。操场上他飞展腾越的身姿，礼堂里他激情飞扬的演说，学校广播中他浑厚磁性的声音，都是她的眼睛耳朵驻足痴留的地方。这样的暗恋，一直持续到学长即将毕业离校。那天晚上她一宿没睡，一张纸反复涂抹，最后只留下几个字：我可以爱你吗？在暗香浮动的黄昏，字条被偷偷夹进学长的课本里。而她，就像待审的罪犯，忐忑不安地等待结果。

却没有结果，一个月后他踏上北上的列车，她躲在站台后，哭得稀里哗啦。

一段暗恋，就这样无疾而终。她病了一个星期后重踏校门，心无旁骛一鼓作气，原本成绩平平的她，像一匹突然跃出的黑马，成了班级里最优秀的学生。一年后，她以优异的成绩考入重点大学。

23岁，她大学毕业，在事业单位做办公室文员，当年的丑小鸭早已蜕变成清雅爽利的美丽女子。工作之余她常常随本地论坛的驴友一起户外野营。是在一次野外攀岩中认识的他，是个画家，有着飘逸的长发和不羁的眼神。她迷恋他的画，迷恋他的眼神轻轻掠过她时加速的心跳。他们很快便在一起了，画家浪漫而多情，给她的生活不断地注入新鲜的血液。和他挽着手一起走在干净的青石板路上，她觉得自己的脚步是飞扬的，那么轻盈，几乎要跳起舞来。

画家的离开毫无征兆，在一个早晨卷走了她所有的积蓄，没有留下只言片语。她把自己关在房间里整整一个月，所有的人都以为她会疯掉，可是她没有。一个月后她重新出现，依然是笑眸流转美丽温婉。不久后，署着她名字的文章开始悄然见诸报刊。她干净温暖的文字，朴实细腻的情感，很快便成了期刊最优秀的写手。连朋友都感叹，怎么以前就没发现身边竟然藏着个大作家呢?

26岁，她开始了第三段爱情。那个男人沉稳干练，给她的事业铺设了一个很好的上升渠道。男人说，我可以给你一切想要的东西。她以为他真的能，他送她轿车、房子、镶着昂贵钻石的项链，却独独不肯给她一枚普通的戒指。是的，他家有娇妻幼子，那是他割舍不了的牵挂。

这一次，是她主动选择放弃。她必须要做一次爱情的主宰，男人，她决不与人共用。她辞了工作，独身进藏。两个月后，她一身黝黑地回来，俨然已是一个专业的摄影师。她拍下的照片在摄影大赛中拿了大奖，为自己的事业重新开创了一个新的起点。

29岁，她遇到一个温柔敦厚、有着孩子般纯真明朗笑容的男人。她的爱情，在越过千山万水之后终于安全着陆。结婚时，她没要钻戒，却让男友给自己买了一个可爱的不倒翁。男友诧异，她却笑，说：你知道吗？其实人生就像这个不倒翁，你不断地推倒他，他不断地重新站起来，以最快的速度恢复原样，而且活得比原来更灿烂更多彩。所以，你永远打不倒他……爱情也是。

是的，只要心里有一根弦在支撑着，我们每个人都可以做一个爱情的不倒翁，愈挫愈勇，越失恋越美丽。那根弦，有一个温暖的名字，叫爱。

密谋离婚

文 / 紫苏水袖

我们认真盘算过“私奔”的事，最终才发现，

那些看不见的感情，早已成为爱的惯性。

我出轨了。

说出来也没人会相信，因为我长得一副良家妇女的模样，一看就是那种嫁鸡随鸡、嫁狗随狗的女人。我自己曾经也很坚信这一点，直到遇上高俊。这个男人把我29年的修行毁得乱七八糟。我们首先是在网上聊，然后在现实里聊，最后不可避免地聊到了床上。

很无耻是吧？我也这么觉得。其实刚开始我只是因为寂寞。方晓明总是加班、出差、加班，而且他这个人没什么趣味，知识面也窄。跟他聊政治他不懂，跟他聊八卦他也茫然，两个字：费劲。

高俊则是另一种男人。他也有家，却不像我跟祥林嫂似的老是提及。在我面

前，他仿佛是换掉西装皮鞋就能背包走天涯的那种人。我们可以一下午都缩在茶楼的大藤椅里谈人生、谈理想、谈未来。

1

我考虑过离婚。高俊说，如果我可以这么勇敢，他愿意陪着我一起。

高俊的妻子是个泼妇。这个词从高俊嘴里蹦出来，他一点儿难为情都没有。他说，他只能这么形容她。“我不爱她，就算没有遇到你，我也想离婚。”他继续说，“当然，我的孩子很可怜，他只有10岁。如果没有遇到你，也许我会为了孩子再拖上十年二十年。”

高俊的话让我对未来有了无限的把握。从那之后，我的时间就变得有点儿不够用了。我总是想见到他，可有时候我不太方便，有时候他又不太方便。还有就是见面太频繁，我担心高俊的钱花得太厉害了，在他老婆那里必定交代不过去，会吵架的。

高俊断定那个女人只会吵架，而他们有什么好吵的呢？结婚12年，他说他唯一精熟掌握的本事，就是在女人的尖叫声里安之若素。然后我安慰他，说他这个人品性淡泊。

品性淡泊，好优雅的词，搞得高俊不好意思起来。他说如果我了解他家里是怎样的乌烟瘴气，就不会这么说了。

能乌烟瘴气到什么程度呢？我想象不出来，于是就不想，乐得把自己当一个天使。

2

向方晓明提出离婚是一件难以启齿的事，他没有过失。我要是忽然对他说“我不爱你了，我们离婚吧”，会不会显得很无情，很不要脸？我把这个顾虑对高俊讲了。他说：“实在不行你就装病。心脏病、抑郁症，什么病折磨人就装什么病，他耐不过了你就顺势提离婚。”

我问他是不是也打算对老婆来这一手，他说：“我和她没感情，离婚用不着这么迂回。”我赶紧说我对方晓明也没感情，说完这话自己都心虚。爱情没有，亲情总是有的，怎么能赖得一干二净？

高俊的方法并不好使。首先，我不知道去哪里搞一张心脏病的诊断证明；其次，方晓明经常不在家，我抑郁给谁看？

我陷入困顿，方晓明却毫无知觉。他在书房上网，一会儿叫道“老婆，茶”，一会儿叫道“老婆，烟缸”。他好不容易在家待上两天，放在过去，我是很欢喜的。可现在看着他的背影，我却心烦意乱。他明知道自己身体不好，还拼命抽烟；明知道我想怀孩子，却不打算戒烟。这么自私自利的男人，活该被抛弃！

我这边还没提离婚，高俊却告诉我，他向我提供的方法，他本人已经率先实行了。因为他一想，老婆再讨厌，面子还是要给的。“我们离婚吧”这句话，他和我一样说不出口。

他说，除了喜欢吵架、嗓门特别大之外，他老婆别的地方倒还及格，至少她把儿子养得又白又胖。最穷的时候，她宁愿自己不吃，也不让儿子少吃。当然，尽管这么克扣自己，她仍然慢慢发福成一只“水桶”。

高俊的刻薄话只要用到他老婆身上，便像刀子一样锋利无情。我只好不做声，因为不知该反对，还是该附和。

高俊也搞不到心脏病的诊断证明，装抑郁症更是觉得麻烦。好在男人比女人多出一个好处，就是他们在性上面占有绝对的主动权。他说，他在老婆面前装阳痿。

高俊曾说过，他老婆如果还念着他唯一的好处的话，就是床上这点事儿了。如果一个女人喜欢的东西被断了供，她是不是会逃得远远的？

3

凌晨3点，我接到高俊的短信，一连3个惊叹号：

怎么办？她叫我去看医生！

她说，就算我一辈子不行，她也不嫌弃我，让我不要有思想包袱！

真他妈麻烦！

高俊在处理“麻烦”，我倒有了柳暗花明的机会。离婚的事忽然被摆上了桌面，而且是方晓明主动提出来的。当时我脸都吓白了，脑子里拼命想自己被他抓住了什么把柄。直到方晓明告诉我，因为金融危机，他被公司裁员了，而要找到一份与之前工资水平相当的工作，是很艰难的。这就意味着，从此他可能无法提供给我无忧的生活了。他说：“我知道你从小就过着安逸的生活，我不想你跟着我受苦。”

方晓明还说，房子归我，存款归我，他净身出户。我脑子一下就乱了。因为乱，我半天无法给出答复，比如，好，或者，不。然后我终于理清了自己，对方晓明说：“我不离婚，就算讨饭我也跟着你。”

这不是我的真心话。可是此时此刻，就算明知道错失了大好良机，我也不得不成全自己的人格。

高俊在网络那端说：“我理解你，没有人在这种时候能下得了狠心。”虽然不能看见高俊的脸，我还是感觉出了他的失落。为了鼓励他，我对他描绘我们的未来。我相信方晓明的低谷期不会持续太久，等他找到新的工作，我再提离婚也不迟。只是，我不会让他净身出户，我没这个脸。到时候，净身出户的将会是我自己。

我没想到高俊会反对。他可能真的急了，已经顾不得矜持，赤裸裸地说：“你不要房子怎么行？我们以后住哪里？”

我问他：“你不是有房子吗？”

他说："那是留给我老婆孩子的，我总得让他们有个住的地方。"

谈话到这里就结束了，我们沉默而尴尬地对峙着，不知道下一句要接什么才合适。

4

我从来没有觉得高俊想要算计我的房产，可是他执意认为我这么想了，并觉得自己丢了脸。他不再找我，偶尔在网上遇到，也只是打个招呼。

我们再也没有热火朝天地约会过。

原来现实就是这样赤裸，简直连迂回都没有。我过惯了宽松的日子，高俊则已年近40，我们有什么底气断定，彼此甘愿在出租房里实践我们伟大的爱情？

现实就像一条铁链，将我们绑住无法前行。而我直到现在才开始考虑现实的问题，可见，我是一个多么愚笨的女人。

我知道，如果高俊要离婚，以他老婆的暴烈性子，只会要尊严，财产方面根本不会计较。是他想要净身出户，把保障留给妻子和孩子。感情是有惯性的，只是因为太过习惯，反而察觉不到它的存在。其实我又何尝不是如此？我在方晓明失业时，还是选择了留下。难道仅仅是为了心安吗？不，只要想到一旦我离开，方晓明会如何伤心，我便不舍得。

5

我怀孕了，我很高兴，方晓明更高兴。也许是宝宝给我们带来了好运，方晓明找到了新工作，待遇不错，还不用经常出差。他多了许多时间陪我，人也积极起来，连烟都戒掉了。

我想我很幸福。

唯一有些小战栗的是，周末我在友谊大厦门口看见高俊了。我大着肚子，和他狭路相逢，很惊悚的感觉。高俊大约也吓了一跳，他没有和我打招呼，眼神匆匆溜过我的肚子就逃跑了。我想他心里会狠狠地熬煎一下吧，说不定心虚地算了半天，才确定孩子不是自己的。

后来想想觉得好笑，人家凭什么心虚呢？纵然有一段，也是你情我愿的事，只不过彼此是眼前的一片流云，掠过去，就过去了。

看见高俊那天，我猜他正要去接儿子，因为他儿子的学校就在附近。他手里拎着盐酥鸡，大约是他老婆爱吃的。这个男人忽然就变成了另外一个模样，或者说，这就是他本来的模样。

说实话，我心里不酸是假的。可是酸过了我才发现，我一点儿都不讨厌现在的高俊，相反，我觉得这个样子的他很男人。但愿他也认为，大着肚子安守婚姻的我很美丽。

你的苦要让他知道

文 / 时钦

爱是双向的，人生路上两人互担着责任，你扶我一把，我拽你一下，爱情也就在这相互扶持里往前走。

女人有时会说一些善意的谎言，为了男人，她的谎言是一种体贴。可有时候，爱情疏离的原因，恰巧就是这个裹了糖衣的谎言。

小梅是护工，除了给对门老太护理外，还兼职给小区另两家接送小孩，给一家歌厅做卫生。仅有的周日也不闲着，她做些婴儿的小布鞋，拿到早市上去卖。我被鞋面上的花草吸引，买了两双摆在书桌上。

那天朋友看见小布鞋，也想要。我就随小梅去她的租屋，是我们小区南边的平房区，正待拆迁。小梅说，很便宜，100块钱。进到里面，黑咕隆咚的，白天也得开灯，里面简陋得有点儿凄凉。

小梅和老公是一个村的，算起来还是青梅竹马。男人老实，没多大本事，日子清贫，加之公婆也都身体不好，所以婚后第二年，她就出来打工。她给我看老公的照片，指着背后的红砖房，骄傲地说，那是用我的钱盖的。看看她所在的小黑屋，我忽然眼酸，问她，他知道你住在这种地方吗？

男人不知道，小梅只报喜不报忧，怕他干着急。她骗他说，她在有钱人家里做保姆，工钱很多。去年他来看她，她就租了个好一点的房。他说，他们都夸我有福气。男人嘴笨，这就是赞美了吧，她心里甜滋滋的。

久了，男人真当小梅过上了好日子。手头渐渐宽裕起来，偶尔过年也会赌赌钱。公婆那边缺个什么，就叫小梅买了邮回去，他们说北京的东西好。原先她家穷，村里都没人理，现在村里的人都羡慕她家。单就为了这个，她也要拼命赚钱。

所有人，包括她的老公都说小梅好运气，没人知道她的辛苦。久了，小梅心里开始不是滋味。

有一年春节，京城的保姆们都回家过年了，雇主挽留她，加她一倍工资。她想了想就留下了。除夕，忙了雇主一大家子的吃食，因为亲戚朋友十几个，她甚至连口饭都没空吃，洗涮完了才回自己的租屋。累得要虚脱，就泡了一袋面。那晚她在IC亭给老公打电话，说一切都好，她在雇主家里吃的年夜饭，什么鱼什么肉呀，等等。老公开玩笑说：“你吃香的喝辣的，还记得我们啊？”挂了电话，她就哭了。男人那句玩笑话，让她心里酸酸的。后来她还是原谅了他，他不知情。

我为小梅的爱情感动，为那个傻傻的男人庆幸。接下来的日子，我看着小梅每天奔波劳作。当时我绝没想到，半年后小梅会离婚。

她辞了这几家，专门去一家超市做清洁。向我辞行时她说，离婚了，自己被老家人说是嫌贫爱富的女陈世美。她说，现在的男友也是一个打工仔。有时候太累了太苦了，受不了，这个他，知道我受的苦，他叫我不要那么拼命。

说起前夫，她说，我们感情其实本来很好的，也不知为什么就搞成这样子了。

爱，有时意味着共苦。小梅说男人被宠坏了，其实她不知道，一切的源头就是那个小小的善意谎言。爱是双向的，人生路上两人互担着责任，你扶我一把，我拽你一下，爱情也就在这相互扶持里往前走着，愈行情愈浓。可就怕，一方停下来，剩下的那个自己负累。负累也好，有那人的目光关注着也行，偏偏小梅在不知不觉中，把男人的手和目光一并推开了。

所以有时候，你的苦要让他知道。

Chapter 03

家长里短没小事

婆家娘家的"混居"生活

文 / 然然妈

每个城市里都有许多年轻夫妻辛辛苦苦攒钱买了房子，然后，在乡下苦了大半辈子的父母，乐呵呵地进城来享儿女福了。但是，这个小家庭里挤满了娘家、婆家几家人后，他们还能过上幸福生活吗？

我叫林一湖，今年34岁，是来自农村的“凤凰男”。而我娶的妻子晓鸥，是和我门当户对的“凤凰女”。我们这对“凤凰”，11年前各自从偏远的乡村“飞”到了成都。最开始我们住月租150元的地下室，3年后两人工资都超过了8000元，搬进月租600元的小平房。

2007年2月，我和小鸥终于在成都郊区买了一套139平方米的房子，三室两厅。拿到新房钥匙的第三天，我带着小鸥回老家领了结婚证。她不要钻戒、婚纱和喜宴，小鸥说，房子就是我送给她最好的结婚礼物。买了房子后，我妈和岳母都支援了5000元。“赶紧装修，我想进城来享享福！”妈妈和岳母的话如出一辙。

房子大了，事儿就多了

2007年12月，我们搬进新家。半年后小鸥怀孕了，头几个月妊娠反应严重，她又舍不得花钱请保姆。当时岳父正是肺癌晚期，岳母脱不开身，我妈妈说："照顾孙子我行，孕妇我可不会伺候。"小鸥也不生气，她说孕妇脾气不好，家里人多了反而会烦。

小鸥怀孕8个月时，我弟弟和弟妹却不请自来了。当时他们俩都有工作，吃住在我们家，每月给我们交300元生活费。但两个月后，弟弟失业便再也没给我们一分钱。弟弟也不急着去找工作，而是每天玩电脑到深夜，第二天睡到中午。弟妹从不做家务，下班回家就钻进房间，吃晚饭时才会出来。我一个人要上班，又要照顾一个孕妇和两个大人，有时都快疯了。

小鸥开始跟我抱怨，弟弟和弟妹白吃白住也就罢了，但他们一点都不节约，不是忘关水龙头就是忘关灯。妻子撺掇我让他们搬出去，我妈妈知道后骂我："那么大的房子，空着不也是空着吗？嫌他们不交钱，我给你们。"跟小鸥好说歹说，她总算同意让弟弟和弟妹住下来。

儿子3个月大时，小鸥回到公司上班，我妈从老家赶过来，帮我们照顾孩子。我妈妈是闲不住的人，除了带孩子、打扫卫生，还帮我们做饭。小鸥就说："要不是看你妈的面子，我早就把你弟弟赶出去了。"

6月份，岳父逝世。本来就不招小鸥喜欢的弟妹，偏偏在这个时候偷偷戴了小鸥的项链出去面试，结果把项链弄丢了。小鸥气得不行，当着我妈的面让他们走。当时，我妈还骂弟弟弟妹来着，但小鸥一进屋，她就当着我的面掉眼泪。我两边安慰，她们却都说我假惺惺。

夹在母亲和岳母之间的男人

弟弟走后不久，小鸥说要接岳母来住，我马上订了去岳母家的火车票，第二天就把岳母接到了成都。

岳母刚来一个星期，刚大学毕业的小舅子打电话通知我们，他要来成都找工作了。

尽管我很不愿意，但还是当着岳母和妻子的面说："就住咱家。"当时我妈妈带着我儿子住在次卧，岳母住在书房。我跟小鸥商量，在岳母的房间加张床，让小舅子睡。岳母却说："儿子都24岁了，怎么还跟妈妈住？我搬到亲家那间屋去。"妈妈当时的脸色就变了。她悄悄跟我说："我不愿跟亲家住。她又啰唆又不讲卫生，会吵着孩子的。"

我妈妈有胃病、肾结石，需要很好的休息环境。岳母比我妈小5岁，身板硬朗。但岳父刚去世不久，我们都只能当她老小孩一样哄着。所以，尽管我妈妈不愿意，我还是试着说服她："您要给这么多人做饭，多累呀。不如搬到弟弟那里住吧？"妈妈的眼泪又下来了："儿子，是你媳妇要撵我呢，还是你要撵我？"

我只好跟小鸥商量：小舅子成人了，应该独立生活，哪怕我们出钱帮他租房子。小鸥反问我："当初你弟弟来的时候，你怎么不这么说？我妈现在很脆弱，得天天看到我弟弟。"

小舅子住在客厅的沙发上，他自己不在乎，我岳母却心疼得什么似的。老实说，这么大的房子，六口人住在里面其实并不挤，而三代同堂，原本是我们这个家最大的福气。可现在，这一大家子不得安静，乱糟糟的。作为一家之主，我真不知道，以后的路如何走，将来还会发生什么我不愿意看到的事情？

专家诊断

父母住到孩子家，这个家算谁的?

婆婆会认为，媳妇是嫁过来的，家肯定得由男方这边的人来当，男方的亲人都是自家人，尽管来家里吃住好了；岳母会认为，女儿是娘的心头肉，妈妈放心不下，得天天看着她，顺便享享女儿的福。所以，娘家人过来吃住也理所当然。老人们根本不知道的是，孩子结婚后，就意味着从原生家庭中脱离，有了新的家庭。他（她）的家，无论在哪里，空间有多大，主人都是小两口，儿女们的家事，当由他们自己做主。

怎么做主？这是个问题。一屋子住着几家人，够乱的。亲谁疏谁？怎样做才谁都不得罪？怎样做自己才觉得心情舒畅？这可不是接受几次心理咨询就能解决的。

1. 有时候，子女应该去修正父母的错误

其实男主人公很清楚，如果妈妈、岳母都不搬过来，他就能和妻子、儿子安享太平和天伦。因为，爸爸妈妈和孩子，这个家的家庭成员虽然不多，但已经是完整意义上的家了。

自己和妻儿、妈妈（之前还有弟弟、弟妹）、岳母和小舅子，有限的空间里挤了多家人，矛盾在所难免。随着社会进步，许多父母在子女成家立业后，都会很主动地与之保持一定的空间距离，子女常回家看看，两代关系反而会更和睦融洽。但是，不是所有老人都会这么开明，让他们因此接受心理咨询，从而改变观念不现实，需要改变的还是子女。

首先要“解决”的是小舅子。当然，考虑到岳母的感受，不能强行驱逐。而为了和平解决问题，最好给予小舅子一定的经济支援，好让他去外面租房。和妻子好好商量，让她先去说服岳母，最后你们一起说服小舅子，相信他也希望

能有自己的独立空间。

2. 有距离的爱才更和谐长久

自古以来，亲家之间就不可能达成绝对一致，何况现在他们同处一室，矛盾自然会随时滋生。作为子女，我们有时很难跟父母讲道理、讲原则。而大多遇到类似问题的家庭，都会采取让双方父母轮流来住的方式，从而尽可能避免两边父母同住的局面。

我们都喜欢那些喜欢我们的人，如果两个妈妈都不接受轮流住的方案，那么，夫妻双方就应该对各自的母亲说对方的好话。但“好话”不应该是儿子对妈妈说岳母如何好、女儿在她妈妈面前夸婆婆多善良，而应该是儿子跟妈妈说：“岳母她说您做的饭很好吃、细心体贴。”女儿跟妈妈说：“婆婆老夸您善良、有人缘。”当然，这些夸赞可能都是编造的善意谎言，但这样的发挥通常都很有效。老人们听着高兴，又不会找对方核实，而且，听到对方夸自己的次数多了，她们原来对彼此的成见也会慢慢消除，从而和平共处。

一般来说，我们建议：如果经济条件不是特别宽裕，只是为了把父母接到身边来的话，不妨放弃大房子计划，而是买几套小房子，让几个家比邻而居，子女与父母住对面，或者楼上楼下。这样，子女既有自己的独立空间，还能兼顾父母，父母既有自己的小天地，又能随时看到孩子，岂不两全其美。

幸福就在小朋友的眼睛里

文 / 梅吉

婚姻里，最大的不幸其实是身在福中不知福。

饺子，辣子，不协调的日子

结婚前，董升的妈妈就告诫过他，和一个生活习惯有很多差异的人恋爱不要紧，但结婚一定要慎重！那时他被沈瑶迷得昏头昏脑的，才顾不得这些。婚后他才发现，自己确实盲目了，生活习惯上带来的差异，就是这场婚姻的先天不足。

董升是山东人，喜欢吃口味很重又不辣的食物，要油多、盐多、酱油多，还要葱多。他最喜欢吃的食物是煎饼，薄薄的一层，包点咸菜、香菜和虾皮，那个好吃呀，几天不吃就馋。但沈瑶是重庆人，就喜欢吃辣，无辣不欢。恋爱那阵没发现这矛盾有多要紧，结婚后才发现这个问题大了去了。每天他们都为了吃什么争论不休，是做辣子鸡还是吃饺子？是去吃火锅还是吃芸豆炖牛肉？有那么几次，他们都要把厨房烧起来，然后沈瑶就哭了，抽泣着说：我想家了。

起初她哭时，他的心一下就软了。沈瑶是为了他才来济南的。他们是两个分公司的同事，经常出差一来二去就熟了起来。董升费了些口舌才把她从重庆给哄到了济南，在偌大的城市里，他成了她的唯一。

好在吵闹过后，还是沈瑶迁就了他，开始学着做鲁菜，学着烙大饼和蒸馒头。她在重庆时连和面都不会，后来一笼馒头也做得又软又香了。

只是她做，却吃得很少，她不喜欢葱不喜欢煎饼，喜欢火锅和米饭。他看着她嫌弃大葱的目光，心里有些说不出的滋味。他们是这么的不同，想想，一辈子都要忍受这样的不同，实在是怄火！

他也不知道是从什么时候起，开始游离的。也许是在发现自己和她的日子过着这么不妥帖时，他的心，就渐生悔意。

世间变得最快的，就是人心

原本该到董升头上的升职被别人替了，他一气之下就辞了职。以为沈瑶会骂他自作主张，却没想在听完原委后，她抱了抱他：辞，咱就争这口气。又说，你在家好好休息段时间。

董升在家做了待业青年。他的生活一下空闲起来，在网上打游戏看电影逛论坛，去外面喝茶聊天斗地主，从未有的安闲舒适。休息了整整半年，再打算找工作的时候，发现心态已经变了，高不成低不就，想想，也不急着上班，何况，沈瑶从来不催他。

董升遇到卢思思挺巧的。她刚搬来那天，家里的水管就破了，敲了几家门就只有董升在家，他帮她修了水管后，两个人就熟稔起来。卢思思就像春天里的麦株。她总是穿乔其纱的裙子，10 个指甲做得很精致，修长嫩白的手指只要在电脑上操作几下，就可以赚很多钱。他亲眼见到她只半天时间，一只股票就赚了 8000 块钱。

她哧哧地笑：“这算什么？我最多的时候一天赚过 4 万块钱！”

董升动了心思，上一个月班也才三四千，这样一天几千，多轻松呀。他跟沈瑶说想炒股，沈瑶拿了家里的3万块钱给他，你就炒着玩玩好了。

沈瑶给他钱的时候，他看了她的手指，她的指甲剪得光秃秃的，刚腌过黄瓜的手，有些淡淡的咸气。他就想起了卢思思的手，很是心猿意马。

他和卢思思在一起，开始真的只是交流股票。他在她的指点下买的第一只股票赚了两千块钱，他请她吃饭，刺身拼盘、烤牛舌和牛小排……一瓶上好的红酒。那天他穿着极薄的衬衣，扶着微醺的她回家时，感觉到他们体温的肆意暧昧。

在和她滚在一起的时候，他有想过沈瑶，但那时意志已经很薄弱了。他只是闪过一丝愧疚，然后沉迷了下去。

那天，他在窗口等沈瑶下班。他发现，在晕黄的灯光下，她的步子有些孤单。

他第一次下楼接她，他说："为什么不打车回来?"她笑了笑，很自然地搂着他的胳膊说："加班费才那么点，打车都不够。"

他想要照顾她，却又必须由她照顾

那段时间，沈瑶变得有些憔悴。他有些心虚地觉得她或者已经发现了他的背叛。她开始每天给他做煎饼、做饺子、做芸豆炖牛肉……她一下班就进到厨房，揉面、切菜，洗洗淘淘。他站在厨房的门口，有些嗫嚅："沈瑶，今天我们出去吃火锅吧，很久没带你去了。"

她头也不抬地说："不用了。"

她的鼻音带着些哭腔，吃饭的时候吃得更少了，然后一个人躲到书房里去睡。早晨起来的时候，他看到她的眼睛有些肿，他想要说些什么，但却只是闭上嘴。

他想过了，如果她说离婚就把房子给她。但她没有提离婚，只是一天天瘦了，好多次，他都看到她对着窗外发呆。她不跟他说话也不笑了，夜里更是不许他碰她。他知道这是她无声的惩罚，他想要跟她谈谈，但她却总是避着他。

白天里他大把的时间都和卢思思在一起，他们炒股，用嘴和身体交流，那时候他把沈瑶忘得老远了。他和卢思思在一起，真的快乐。因为她，很对他的胃口。

夜里他感觉到沈瑶从身后抱住了他。他迷糊着翻过身来压她在身下，他亲吻她的时候，她突然激烈地一把把他推了下去，他一个激灵就醒了。

“你到底打算怎样？沈瑶，今天就说清楚了，过还是不过？”他闷闷地嚷。

她“哇”的一下就哭了，哭得很伤心，很绝望。

他知道他们都没有办法掩饰了，他其实不想要这样的。没有谁一开始结婚的时候是为了离婚，他真的想要和她好好过。但他发现，他照顾不了她，他们连吃饭这样的事都只能迁就着过，他对一辈子太没有把握了。

最大的不幸，是身在福中不知福

他们协议离婚，两个人约定过了十一办手续。沈瑶没要房子，只要了一半的现金，她打算回重庆。

她刚搬出去的那几天他并没有觉得什么，每天和卢思思腻在一起，然后一起上街吃饭。卢思思也是北方人，所以他们根本不存在饮食差异。他们的生活习惯也挺一致的，一切看上去都很好。

只是有天他经过一家川菜馆的时候，闻到里面的麻辣味突然有些想念。这种思念有些莫名其妙，又来势汹汹。他突然想起很多事来，想起刚搬家那会儿，他们没钱装修，就穿着工人裤自己刷墙和打理；想起他们刚结婚那阵子为了吃吵得天翻地覆，但最后都是她妥协于他，她的妥协是因为爱他；他还想起他好面子总是在朋友面前使唤她，她乐呵呵地从来不摆脸色给他看……

夜里，他口渴，喊了声：“沈瑶，水。”

然后清醒过来，他们马上就要离婚了。

他曾以为这挺简单的，他们的婚姻不幸福，分手在所难免。但他怎么突然又发现了幸福的踪迹呢？

第二天他在逛街的时候，遇到旧同事。同事笑着说："恭喜你哦，也要做爸爸了！"

他愣在那里，傻傻地问："什么呀？"

同事说："前段时间他带媳妇做产检的时候正好碰到沈瑶了。"

他哑然失声，她竟然没有告诉他！再细细想了下，那段时间他正和卢思思打得火热，根本没有心思注意到她，他甚至还为她没有做煎饼给他而生了气。

他给她打电话，手机关机了。再问她同事，她已经辞职了。他有些慌乱，在这个城市，她最熟悉的就只有他，但他却重重地伤害了她。若当初她要求他去重庆，在那样一个又麻又辣的城市里，他又是怎样的茫然无措呢？

他们是约在民政局门口碰面的，是他们约定办手续的日子。

见到沈瑶的时候，他的眼眶就红了，拽着她的手，巴巴地说："我不离！绝不！"

她也哭了，稀里哗啦的。他的父母也劝，他知道错了，给他次机会……

她哭得更凶了，抽泣着终于说了缘由。

原来她要离婚的原因是她确实怀孕了，却是个葡萄胎，医生让动手术切除一边卵巢，以后她也许很难再怀孕了。

他听了又悲又喜，喜的是原来她那段时间的憔悴并不是因为发现了他的外遇，悲的是他竟然不知道她的身体出了状况。他怎么能这么粗心呢？多险呀，他差点失去了一个如此爱他的女人！

他们回去的时候，正好碰到卢思思搬家。她的眼神很躲闪，他心里就冷哼，她知道他离婚了，怕他缠上她所以迫不及待地逃了吧。

幸好他还没有错过最重要的。他先陪着沈瑶去医院做了手术，然后把手里的股票全卖出去，不管亏了赚了。他想要好好地找份工作，他还要学做川菜，即使他依然吃不惯，但看着她吃得幸福的时候，他也幸福了。

有一首歌，“幸福在哪里呀幸福在哪里，幸福就在小朋友的眼睛里”。其实只要你去看，就会发现生活中每一个简单的细节，都是一次平凡的感动。

只要做个身在福中而知福的人，婚姻其实很简单。

叫婆婆一声“妈”

文 / 蝶舞沧海

“妈妈”是一个神圣的称谓，是亲人间最情深的字眼，怎么能随便给一个与我没有血缘关系、没有感情的人呢？

只是想一想都别扭

跟顾东恋爱时，婆婆开着一个小旅店，店名叫“张妈旅社”。来来往往的人都称呼婆婆“张妈”，我也就跟着这么叫了。领完结婚证那天，我习惯性地刚一开口，顾东便故意把脸一沉：“还叫张妈啊？该减一个字了！”

我脸上一热，抬头看婆婆。她老人家倒不客气，正襟危坐，一副期待的样子。我暗暗掐了顾东一把。顾东只好笑着和婆婆打了个手势，意思是我害羞呢。

回到家，我和顾东说：“老公，以后别再当着你妈面为难我了。”顾东一听来气了：“这叫为难你？听口气，你以后是不准备认这个妈了？”见他反应这么大，我连忙说别误解我的意思：我怎么会不认呢，只不过现在不好意思叫罢了。

顾东放心了，我的心里却敲起了边鼓。对于婆婆，如果只是作为婶婶、阿姨之类的人，我可以全盘接纳。可“妈妈”，那是一个神圣的称谓，是亲人间最情深的字眼，怎么能随便给一个与我没有血缘关系、没有感情的人呢？这个熬大骨头汤都要放辣子、嗜好打麻将的肥老太，别说让我叫她妈，只是想一想都别扭。

顾东是不会理解我的，说了肯定会让他更生气。不行，我得找自己的妈评评理去。

没想到，妈妈的态度竟然和顾东一样。她非但不认同我的看法，还批评我不孝顺。我争辩：“我没说不孝顺她啊，我会在行动上好好表现的，干吗非得叫她那声妈。”“不行，必须得叫。”妈妈不容商量。

心中有些烦躁。开了电脑，在一个女友群里发牢骚，却没料一石击起千层浪，群里几个姐妹居然也遭遇着和我同样的问题。大家禁不住惺惺相惜了一番。

甜蜜的小屋一片狼藉

顾东一直在给我制造喊妈的机会。比如和婆婆一墙之隔一呼就应时，顾东让我问问婆婆饭熟了没有。以前给婆婆打电话，顾东都是亲力亲为，现在总是让我去打。

顾东的招，我都巧妙地绕了过去。让我问话，我就直接走到婆婆跟前去问；让打电话，我就装作信号不好，直到婆婆先听出我的声音来。

顾东的脸色，一天比一天难看。在我又一次和婆婆装模作样“喂”个不停时，顾东彻底爆发了。他夺过电话狠狠摔在地上，愤怒地指着我鼻子咆哮：“你怎么这么能装！你这个虚伪的女人，你对我的感情也是装的吧？”被他一骂我气疯了，一脸挑衅地看着他，干脆和他亮明了我的想法。我们爆发了婚后的第一次大战。

暴风雨过后，彼此还相爱的我们，开始违心地互相妥协。顾东说不会再逼我了，而我在心里决定，明天就去圆了顾东的心愿。

有些事情就是那么巧。那天，我刚走到婆婆门口，听见婆婆正在和谁唠嗑。婆婆说："是啊，媳妇哪能和女儿比。媳妇对你再好，那都是假的，是尽义务，是做给人看的。所以啊，我是不指望享媳妇的福……"

我心中活蹦乱跳的一腔热情，就那样被冻在了门口。我回头看顾东，他一脸尴尬，抓耳挠腮不知说什么好。我冷笑了，庆幸自己还没有将那个字喊出口。是的，她说得对，我对她本来就是假的。既然她明白这一点，那声"妈"还有必要叫吗？

第一次意识到那声称呼的重要

这么一折腾，称呼的事就像沸水里翻滚过的茶叶，沉下来了。我暂时没有了这个念头，顾东也不再提。只有我爸妈，仍在锲而不舍地催问这件事。我懒得和他们多说，就直接沉默不语。这种水都渗不进去的顽固态度，一直持续到我生了孩子。

我是剖宫产，住院期间基本都是婆婆一个人在照料，顾东忙，偶尔来替换一下。我印象中的婆婆大多是守着旅店打哈欠的样子，从来不知道她有这么旺盛的精力，做饭送饭，给宝宝换洗尿片，给我端茶喂水，像上了发条的钟。我的心也不是铁打的，在婆婆低头给我仔细擦洗时，看着她斑驳的白发和微驼的背，我心里又暖又软，觉得她特像我妈。我甚至有种叫她一声"妈"的冲动，只是这冲动太过脆弱，稍纵即逝了。

孩子满月时，顾东的几个哥们儿来喝酒。一边喝一边侃，不知怎么就侃到了媳妇不爱叫婆婆"妈"的事情上来。顾东的一个同学喝高了，举着酒杯醉醺醺地说："我媳妇要是肯叫我妈一声，我……我叫她'妈'一年！"讲起单亲妈妈把他带大的种种不易，这个高高大大的男人禁不住号啕大哭起来。我难堪地坐在那里，脸上红一阵白一阵的。顾东默默看了我一眼，我躲开了，不敢面对他灼灼的目光。

从那以后，我心里有了愧疚和不安。叫声“妈”，确实如顾东以前所说，是再简单不过的事，嘴一张就可以了。可就是这么简单的事，我却宁愿让他痛苦也不去做，这样一想确实是我做得有点儿过。经历了婆婆无微不至照顾我和孩子的过程，我现在倒是不怎么排斥她了，只是刚结婚时没一鼓作气叫出来，隔了两年有这心也没这勇气了。

左思右想，这想法便又慢慢拖了下来。

春节的时候我去了一趟乡下姑姑家。姑姑的儿媳妇丝丝，据说是个斤斤计较的人，谁都不大喜欢她。可是姑姑对丝丝的评价一直不差，我总觉得那是面子话。直到那天听见丝丝叫了几次姑姑，我才犹如醍醐灌顶，相信了姑姑的话。丝丝叫的不是“妈”，而是声音清晰的两个字“妈妈”。丝丝每叫一次，姑姑就“哎”一声答一次，那场景，俨然一对心无芥蒂的母女。

这件事给了我极大的触动。那一刻，我才真正意识到婆媳之间这声称呼的重要性。难怪我为婆婆做了那么多，给她买这买那，陪她去医院看病，她却认为我都是做给别人看的。我这才明白，对婆婆来说，媳妇亲亲热热的一声“妈”，才是最能拉近婆媳之间距离的。

妈长妈短的越叫越顺口

叫婆婆一声妈的想法，在我心里顿时鲜活起来，像一尾雨天来临时池塘里的鱼，有些急躁地游来游去，随时准备跃出水面。

很快上天就给了我这个机会。

一个阴雨绵绵的晚上，都9点多了，婆婆突然过来，说是要在我们家睡一宿。我有些奇怪，但也没有多问。半夜里，我被一种若有若无的声音弄醒了。我推醒顾东，他竖耳听了听，翻身下床了。很快我就听到他大喊一声：“妈！你这是在干什么呢?”

我披衣跑了过去。婆婆还没有睡，她房间的床上，堆着一大堆我和顾东的衣服。看到我们，婆婆有点不好意思地戳在了那儿："瞧我这粗手粗脚的，还是把你们吵醒了……今天旅店没客，就关门过来帮你们收拾收拾，下次又不知哪天了。我看你们穿的衣服，有的扣子都是松的，就给你们都拿出来紧一紧……"我这才发现，原本脏乱的屋子变得窗明几净，阳台上还摆着一排刚洗过的拖鞋。而墙上的挂钟，正指向凌晨两点。

"妈……"我几乎是眼含热泪，冲过去本能地喊了一声。这一喊，3个人全愣了。回过神来，婆婆抹着眼睛颤颤地应了我一声。而顾东，激动得将我和婆婆搂在怀里，久久没有放开。

有了第一声，后来的日子就渐渐适应了，妈长妈短的越叫越顺口，和婆婆之间变得日益亲昵起来。

那天上线，把群里那些曾经惺惺相惜的姐妹召唤出来，讲了我和婆婆之间的故事，几个女人直笑我煽情。正要鼓励她们向我学习呢，对话框里蹦出来一行行字："告诉你一个秘密，其实我早就叫我婆婆'妈'了！""俺可没你这么声情并茂啊，俺就平平常常叫出来的。""我是结婚就直接叫啦！哈哈，你们是唐僧取经，我是孙悟空取经！"

我惊讶过后笑出了声，噼里啪啦敲着键盘，把群的名称改成了"都市媳妇"，公告写上：不在叫婆婆一声"妈"，就在叫婆婆一声"妈"的路上！

假如没有婆婆

文 / 张燕

当刘谦在电视上把两条画在纸上的鱼变成活蹦乱跳的真鱼时，我惊讶于魔术的力量。生活也像是变魔术，脏乱的衣服会变得干净，白白的米会变成软软的饭。我在享受“魔术”的成果时，却忘了，假如没有婆婆，生活也就没有了魔术。

我一向不喜欢两种人：像女人的男人和像男人的女人。偏偏，婆婆就是后一种。

婆婆的粗枝大叶让我吃尽了苦头。那时，已有 8 个月身孕的我腆着肚子，小心翼翼地在冰天雪地里行走。婆婆嫌我走得慢，不耐烦地拉我，没承想我一个趔趄，险些早产；儿子出生后，有时我和老公晚上要出门，让婆婆帮忙看一下孩子，等我们回来时，儿子瞪着眼睛在床上翻滚，婆婆却已经在旁边睡着了……不胜枚举的种种，令我对婆婆的嫌恶与日俱增。于是，我常常对老公抱怨：“咱妈的心跟蜂窝煤一样粗！”老公听了不置可否，眉头却久久紧蹙。

一天，一群如我一般年纪的女人带着孩子在小区里玩。孩子们撒欢儿去了，女人们就开始扎堆聊天。家长里短，话题自然引到了婆婆身上。乐乐妈数落她婆婆重男轻女，怠慢了乐乐；甜甜妈控诉她婆婆简直是个甩手掌柜，一点儿忙也帮不上……顿时，婆婆们成了众矢之的。我的情绪也被这种唾液横飞的气氛调动起来，准备一吐为快，把婆婆的种种“劣迹”拿出来晒一下。

正当我要开口时，一位默不做声的大姐忽然说话了：“你们知足吧，假如你们没有婆婆呢？我就没有婆婆，还想要个婆婆呢！我老公经常出差，我一个人在家闷死了，有个婆婆多好，能陪我聊天，能帮我做饭，哪怕就是吵架斗嘴也好啊！”

这个具有毁灭性的假设令沸腾的怨声戛然而止。我那即将倾泻而出的苦水也被生生憋了回去，脸颊竟微微发热，有些无地自容。再看看刚才口若悬河的那几位，也悄然散去侍弄孩子了。

我心里的确嫌弃婆婆，可却从来没想过没有她会怎样。下意识地，我开始想起了婆婆的好。是她，把我月子里污迹斑斑的衣服洗得干干净净；是她，每天把饭做好，让我下班回家可以安心休息；是她，总把我爱看的连载小说剪下来；是她，在我和老公吵架时，会对老公唠叨“男人要让着女人”……

试想，如果没有婆婆，我将受多少累？想到这儿，我不禁长吐一口气：幸好我有一个能干的婆婆！从这以后，我对婆婆那些“苦大仇深”的哀怨竟不翼而飞了，反而更加主动地为婆婆着想。婆婆做家务时，我给她倒杯水；婆婆生病时，我嘘寒问暖；从不做饭的我，偶尔也下厨让婆婆尝尝我的手艺……

正是这些举手之劳的行为，像润滑剂般改善了我和婆婆的关系。之前我总是埋怨婆婆粗心，却没想到自己也一样，不曾细心地善待过婆婆。想起来，真为自己的苛刻羞愧不已。

看见我和婆婆相处得越来越好，老公的眉头也渐渐舒展开了。他忍不住问我，到底是什么让我突然转了性子？我笑着把“假如没有婆婆”的故事告诉他。老公听了之后，眼眶红红地拥我入怀，不断地说着："你终于成熟了，不像个任性的孩子了。"那一刻，我才明白老公左右为难的辛苦，也更珍惜眼前和婆婆的友好相处。

一眨眼，春节到了。给自己买化妆品时，我给婆婆也挑了一款粉饼。拿着粉饼，婆婆连连推辞，说她这张老脸哪儿需要抹这么娇贵的东西，但她明亮的眼神却分明透出羞涩的欣喜。

大年初一，婆婆紧张又神秘地凑到我跟前，悄声问我能不能看出她擦粉了。这是婆婆有生以来第一次擦粉，当了一辈子家庭妇女，她从来没有心思和精力关注自己的容颜。看着婆婆写满沧桑的脸上透出新娘般的娇羞，我的眼角渐渐湿润，心底的酸楚和怜惜在不断蔓延。于是，我打开梳妆盒，精心地为婆婆化了一个妆，还大刀阔斧地给婆婆全身上下捣饬了一番。婆婆又羞涩又美气地走亲访友，逢人就说这是儿媳妇给她化的。

看着婆婆兴致勃勃的样子，我和老公相视一笑，竟也有了微微的感动。婚姻生活难免磕磕碰碰，尤其是婆媳之间，更是一场两个女人的战争。身陷苦恼时，不妨想一想，假如没有对方会如何？也许，一个小小的假设，就能矫正你不经意间偏离轨道的心。

他的妈妈也爱我

文 / 手语

好的爱情不是月老给的，是自己的优秀赢来的；好的婚姻不是靠时间磨出来的，是真情加智慧滋养出来的。当了几十年教师的婆婆，将这些道理娓娓道来。

婆婆来我家时，我正与老公冷战。老公见到自己的亲妈来了，顿时眉开眼笑。可是，老公很快就笑不出来了，因为婆婆看见我们第一眼就惊呼："儿子胖了，可我儿媳妇怎么瘦成这样?"

我鼻子一酸，就开始倾诉自己的委屈：在家里，老公什么家务也不做，而且还时不时带些狐朋狗友回来聚会。我在外面累得心力交瘁，回来还要打起精神忙得团团转。在工作上，他一有空就上网下围棋，全不知道打拼。

婆婆静静地听着，等我发泄完，她温和地说："这孩子是笨，从小就不让人省心。可我感到欣慰的是，他把人生中最重要的一件事情做对了。"

到底是他的妈妈，自家的孩子再怎么样都是好的。心里酸溜溜的我，脸上就带出了不服气："什么事？"婆婆微笑："他娶了聪明可爱的你。"

我被惊得瞠目结舌，婆婆轻轻拍拍我的手背："你既然能选中他，就说明他不是真正的榆木疙瘩，你要点拨他呀。"

我听此话大有深意，趁势撒娇道："可是，妈，您得先点拨我呀！"婆婆看我一眼，忍不住笑了："好的爱情不是月老给的，是自己的优秀赢来的；好的婚姻不是靠时间磨出来的，是真情加智慧滋养出来的。"当了几十年教师的婆婆，将这些道理娓娓道来，并向我提供点石成金的妙计。

尽管我连连点头，可心中却半信半疑：老公软硬不吃，婆婆的计策管用吗？可无论如何，我还是要试一试。

婆婆走后，我又变回了从前那个温婉的小妻子，凡事有商有量，回家也有说有笑，老公松了一口气。一天，我加班回家后，照例锅冷灶凉，老公笑嘻嘻地请我出去吃。按照惯例，我会一口拒绝，边抱怨边下厨忙活。

今天我按婆婆的计策一口答应了，并欢欢喜喜地选了家颇有档次的餐厅。平日里，即使要在外面吃，我也尽量找一家实惠的小餐馆，精打细算地点菜。

可今天，我对老公撒着娇：要雅座，要红酒，还要了一大堆菜单上最昂贵的菜肴。不但老公瞠目结舌，连服务员都面色怪异，同情地看着老公。

我忍着笑，若无其事地坐在餐桌边。尽管老公埋头苦吃，可还是剩了大半桌。老公要打包，我挽着他的胳膊就走，说剩饭剩菜吃了不利于健康，反正明天我还要加班，咱们再来吃新鲜的。

出门时，老公对那盘没吃几口的螃蟹频频回首。第二天我回来时，远远就看见厨房里灯火通明。只见老公身上系着我的花围裙，桌上摆着热腾腾的四菜一汤。

我在电话里真心实意地大赞婆婆高明，可老人家提醒我，现在要抓紧实施第二步计划了，否则前功尽弃。

老公又招那帮哥们儿来聚会，我不再满头油汗地蒸炒煎煮，而是悠然地准备杯盘，指挥老公去楼下买来各种熟食。我轻松地坐在他们中间，还兴致勃勃地喝了两杯，然后大呼头晕，就去卧室躺下了。

他们又到深夜才散，我听见老公笨手笨脚地收拾着残局，边拾掇边叹气。我躲在毛巾被下偷笑：烟灰酒渍、菜汁饭屑，够他忙一阵子的。

第二天老公向我叫苦：心爱的布艺沙发被烟灰烫了洞，成套的酒杯被打烂两个……我用他平时的口吻说：别唠叨这些小事了，大家玩得尽兴就成！

老公不再做声，可他的家庭聚会却渐渐地销声匿迹。有了婆婆的里应外合，老公不仅在家里堪称模范，在工作上也勇往直前。就在我与婆婆偷偷庆祝的时候，意想不到的事却发生了。

老公刚刚升职，便有眼尖手快的女人挨身过来，我郁闷得寝食难安。

趁老公出差，我给婆婆打电话，婆婆将那些琐碎且实用的小谋略，悉数吐露出来。听着她的慢声细语，我的心仿佛找到了一种依靠，渐渐安静下来。

老公回来了，居然为我挑选了可心的礼物，令我对这个大大咧咧的男人刮目相看。在以后的日子里，他用语言和行动向我表明，他不会对那些轻薄的暧昧动心。这个男人，似乎长大了许多。

我怀疑是婆婆暗暗下了工夫，便悄悄打听。婆婆没有否认，她诚恳地说："婚姻不能只靠哪一个人去经营，双方都得努力才能走得更远。"见婆婆这样坦诚，我勇敢地问了那个一直想知道的问题："您是他的妈妈，为什么那么疼我呢？"

婆婆笑了："儿子还未出生，我就许愿，一定要帮助他得到一个幸福的人生，而好的婚姻是离幸福最近的跑道。"

原来，是她的聪明、善良，细心地呵护着我，呵护着我们的婚姻。原来那些有关婚姻的三十六计，都是一个可亲可敬的老人，给孩子们的最好礼物。

完美婆媳养成计划

文 / 手语

婆媳相处时，请做老公的不要潜水，与其等到战火纷飞时做双面胶，不如在和平年代锦上添花。要知道，你添的每一朵都是吉祥花。

你不潜水，“笨媳妇”也可爱

我和老公都不会煮饭，结婚后，两人工作超忙，便常常在饭店解决吃饭问题。

有一次，婆婆包了饺子送过来。她打量着我们雪亮的厨房、崭新的厨具，欲言又止。我明白婆婆想说什么，而那些话，她说出来我难受，不说出来她难受。最简单的办法就是：跳过难题，大家轻松！

我皱着眉，对着饺子发愁：“妈，你包的这个饺子，让人怎么吃嘛？”婆婆一愣，脸色都变了，老公也愕然地张大嘴巴。我继续抱怨：“这饺子精致得像艺术品，谁舍得往嘴里放呢！”婆婆一怔，还未说话，老公便得意洋洋地接过话茬儿："服气了吧？你吃了才知道，我妈才是传说中的厨神呢！"一下子，婆婆满面春风。

我夹起一个热腾腾的饺子，唉声叹气道："妈真是巧手，可为什么我就那么笨呢！"婆婆展颜笑道："现在有几个孩子会做饭的，你周末去跟我学学就会了。"

在这最关键的时刻，可爱的老公力挽狂澜，极力向老妈夸赞，说我很像当年的婆婆，工作踏实，上进心强，周末常常加班，从不叫苦叫累。我冲着老公瞪眼睛："你说什么呢？妈是事业家庭两不误，我连她的一个零头都比不上！"

婆婆宽容地笑了："你工作这样紧张，哪还有时间琢磨煮饭的事，反正我也退休了，以后想吃什么，我替你们弄。"

我心中狂喜，嘴上却半嗔半怨道："妈，您现在把我们惯坏了，将来就等着我们惯坏您吧！"婆婆指着我，笑得说不出话来。我知道，这个笨媳妇，在她眼里很可爱。而及时"跟帖"的老公，成功地帮我完成了形象转换工程。

你若用情，"馋""懒"也风情

自那以后，婆婆常叫我们过去吃晚饭，饭菜极丰盛。我犯难了：扎扎实实地吃吧，小腹那儿很快就会绑上个备胎。不好好吃吧，简直是对婆婆辛苦劳动的不尊重。

我看看老公，他冲我微微一笑。我放心了，连连吸着鼻子，做馋涎欲滴状。我刚一夹菜，他就声讨我午餐吃得太多，并装模作样地跟我抢一只鱼头。婆婆笑得合不拢嘴："不要抢，哪儿能馋成这个样子！"

趁婆婆端汤添饭时，老公匆匆地将我的饭拨掉一半，百忙之中，还不忘将他面前的鱼刺肉骨头，拨一堆给我。婆婆一来，他就开始大发感慨，说我太馋，叫他老妈以后不要超水平发挥，以免儿媳妇变成圆球，以后要推着去散步。

我们就这样且吃且玩，笑声不绝。婆婆也渐渐接受了老公的建议，晚餐尽量做得清淡。当然，婆媳相处，不可能总那么其乐融融。日子久了，难免这句话不顺耳，那件事不合意。面对这些最能磨掉人精神的鸡毛蒜皮，我充分发挥“懒”的专长，从不纠缠，一笑了之。

不久，小姑子生日，婆婆给她买了一条周大生的项链；小叔子找工作，婆婆给他配了套高级西装。也有亲友在我耳边嘀咕，可我始终心静如水，不争不怨。老公人前人后夸我的“懒”，他把这叫做优雅、温婉、高贵。连婆婆也赞叹我贤惠懂事，是家中的福气。

你若成全，世上就有最完美的婆媳

我生了孩子后，婆婆主动过来照顾。三世同堂是热闹了，可婆媳之间也容易产生摩擦。

老公深知婆婆的性格，时不时向我支招，每一招，都很管用。他告诉我：婆婆一生，最是好为人师。于是，我常常向婆婆请教：芦荟汁可不可以直接擦脸，同事住院要送什么，哪一只股票最有潜力……这一招果然灵验，我的十万个为什么令婆婆容光焕发，并将我视为最疼爱的关门弟子。

当我因股票大跌，沮丧至极时，婆婆温柔地搂住我的肩：“这不怪你，是我分析失误。”对于同样境遇的小姑子，她却毫不同情：“谁叫你买的，还不是自己犯糊涂！”老公哈哈大笑：“人在江湖，有个婆婆师傅罩着，真是天下无敌啊！”

婆婆一得意就露了底：“知道我们为什么处得那么好吗？你的性格嗜好，他早透露给我了。”原来，是不曾“潜水”的老公，在和平年代为我们婆媳关系锦上添花，因为他的成全，我们才成为了这样一对完美婆媳。

婆婆的盲道

文 / 杨辉素

我以为什么也不让婆婆做就是对她的孝顺，实际上她更渴望像正常人一样为孩子们做些什么，对她的认可才是对她最大的尊重。

刚认识梁树时，我就知道他的母亲是个盲人。但既然爱他，就要接受他的一切，我决心做一个贤惠的儿媳。

一结婚，我就让梁树把婆婆接来一起住。婆婆来了，看着她干枯的眼眶，想着她生活在黑暗之中的痛苦，我在心里发誓一定要照顾好她。在新的环境里，婆婆对一切还不习惯，不是摸不到卫生间的门，就是被茶几撞破了腿。我拉着她，告诉她房间的结构、每件家具的位置，怕她费心，索性把家里不必要的摆设去掉，让她生活的空间更宽敞一些。婆婆很感激，说自己上辈子积了德，才换来这么好的儿媳。

那天吃完饭，我困倦不已，把碗筷一摊就躺在沙发上睡觉去了。刚迷迷糊糊睡着，猛然听到“哐当”的一声，我从沙发上弹起来，冲进厨房。发现婆婆正蹲在地上摸索着捡摔碎的碗片，而水龙头正在“哗哗”地开着。婆婆像个做错了事的孩子，不安地说：“我看你太累了，就想帮你刷碗，可是我……”我说：“妈，你眼睛不方便，这些活就别操心了。”

又一天，我一回家就闻到屋子里有一种奇怪的味道。婆婆说，城里的炉子就是慢，锅里的水到现在都没有开。我冲进厨房，只见煤气灶开着，却没有火苗，一锅冷水正蹲在炉灶上。我吓得脸色惨白，慌忙把开关关了，把窗户打开通气。原来，她只拧开了阀门，并没有打着火。天哪，我要是再晚回来一会儿，后果不堪设想，让人想起来就心有余悸。我一再地告诉婆婆什么也别做，可她还是听不进去，竟然帮我洗了一堆衣服，我那件两千多元的外套就这样被她洗坏了。

这天我下班走到楼下，听到几个婆婆媳妇正聚在一起热烈地议论着什么，本来没注意，走近了，一句话飘进了耳膜：“302 的媳妇真不像话，虐待瞎眼的婆婆，整天让婆婆做这做那……”我听得差点晕倒。

我脸色铁青地回家，婆婆又在厨房里摸索着洗菜。这时，老公也进了门，所有的委屈和怒气都爆发了，我哭着说：“都是你妈，不让她做家务偏做，如今可好，让我落了个‘虐待婆婆’的恶名，我以后怎么做人？”老公听我哭诉完，安慰我不要听人搬弄是非。婆婆从厨房里出来，默默地回到自己的卧室，一句话也不说。自此，婆婆不再帮我做事了，她沉默寡言，整天都在卧室里静坐。

有一天在吃饭的时候，婆婆说，她想回乡下老家。老公说：“妈，你在这里住得好好的，干吗要走呢？有什么不满意的吗？”“没、没有，你们对我很好……”婆婆说着，竟哭起来，好像这句话她说得多么委屈一样。我摔下筷子回到卧室，老公追进来：“你这样妈会更难受的。”我也哭起来：“我天天好吃好喝地待她，可她倒好，整天黑着脸一点笑容都没有，还动不动就掉眼泪，这让外人看到了，指不定又怎么说呢。明知道回去家里就她一个人，这不是又给我们添骂吗？”老公沉默了一会儿，说：“别生气了，我带你出去散步。”说完竟绑架一样把我架出了门。

来到街上，梁树指着便道上的盲道说："我们都闭上眼睛，走过这段盲道，看谁先走到前面那个路口，记住，不许睁开眼睛偷看。"说完闭上眼睛兀自往前走了，我也闭上了眼。一刹那，巨大的对未来不可知的恐慌攫紧了我，我不敢向前迈步。梁树仿佛知道我的情况，他说，你的脚就顺着这 8 条杠往前走，一直走到脚感觉出条形引导砖变成了圆点提示砖，就说明到路口了。我按他说的迈出了第一步、第二步，走着走着，竟也敢往前走了。也不知过了多少时间，条形砖终于变成了圆点砖，我睁开眼睛，真的顺利地走完了这段路！梁树正在路口等着我，刚才的不快烟消云散，我冲着他欢呼起来。

梁树说，不要把盲人当成废人，他们有自己的路，虽然需要付出比常人更多的艰辛，但对他们的认可就是对他们最大的尊重。我突然明白了梁树的意思，一直以来，我以为什么也不让婆婆做就是对她的孝顺，实际上她更渴望像正常人一样为孩子们做些什么。

回到家里，婆婆正坐在床上发呆，我说，妈，以后我教你做家务。我开始手把手地教婆婆怎么收拾房间，怎么才知道火苗打开了没有，米面在哪儿怎么熬粥，婆婆一一记在心里，还跟着我做了一遍。我看到，她在做这一切的时候，脸上带着满足的笑容。

后来，我又带婆婆上街，教给她盲道怎么走，哪些标志有哪些作用，她像个孩子一样的欣喜，由衷地说，城市人多好啊，为盲人想得周到。熟悉了这些道路后，婆婆还学会了上街买菜，我在享受她为我所做的一切时，也从她脸上读出了那份成就感。婆婆说，你快生个小孩吧，我给你带。

现在，我果真怀孕了，当同事问我孩子生下来谁带时，我骄傲地说："我婆婆带。"看着同事一脸的难以置信，我笑了笑，我知道别的婆婆能做的事情，我的婆婆也一样能行！

小媳妇的快乐生活

文 / 手语

婆媳的距离那么近，中间，只隔着一个男人。若要厮杀，一场战役，殃及三代，历时半生。且让这个男人，心神俱疲，无法做人。若能处好，雨冷有伞，雪寒有炭，一家人，贴心贴意。到时你会明白，那是一辈子的温暖。

在小城长大的我，总以为，婆婆大都是像我妈那样的：胖，言语爽利，穿一百块钱左右的衣服，爱侍弄花草，热衷于向别人传授各类生活小窍门，常犯个腰腿疼，等等。直到我看见了高贵的婆婆。

我对母亲感叹："你们俩都是退休教师，都是肉体凡胎，你看看你，严重变形，再看看人家，没褪色，没缩水，也没起毛球，那通身的气派，竟像个王妃似的。"妈笑道："你婆婆是手洗的，我是机洗的，能比吗？"

说的也是，我妈一直在讲台上站着，婆婆一直在办公室坐着，的确没法比。妈又说，别嫌我粗笨，你婆婆那样的，得打一个莲花宝座，鲜花果蔬，小心地供起来。关键时刻，帮你带孩子做饭，就别指望了。

我嘴上说妈妒嫉，可心里，也明白她说的是实话。我看得出来，婆婆待我，亲切里，存着点儿客气，随和里，又隔着点儿微妙的距离。不远不近的，很艺术。我想，彼此有各自的空间，这样也好。婆媳之间，也就淡淡的，只限于年节时礼貌的问候。

可孩子一来，谁也艺术不起来了。我妈正带着小侄女，来不了，老公在读研，新来的小保姆，工作经验值为负数，就这还不情愿做。家中兵荒马乱。

老公自告奋勇，将求助电话打给了婆婆。我也想，由他开口好些，毕竟是亲生的。没想到，婆婆一口拒绝了。她说，她这一生，于公于私，都尽完了义务，现在，要好好歇着了。她甚至还问，是你媳妇叫你打的电话吧？老公大约是气糊涂了，能说的、不能说的，“哗啦啦”全都倒给了我。

我一听，不光母子间闹了矛盾，婆媳间也有误会了，赶紧把愤怒的老公推到一边，跟婆婆通气。刚叫了一声“妈”，婆婆就温和地说：“这样吧，你们请个好保姆，我来付工资。”显然，对刚才的冲突，她也有些后悔。

既然她软下来了，我也就顺水推舟，可怜巴巴地说：“妈，你也知道，现在找个好保姆，比找失散多年的亲人还难呢！”婆婆“扑哧”笑了：“还是你会说话，哪像我那个愣小子，一开口就噎死人。”谈笑间，她话锋忽地一转：“这么说，我就非得当保姆了？”我赔笑道：“妈，你可别误会了，我们只是想请你指导一下保姆的工作。”婆婆禁不住又笑：“看把你乖巧的，可我最近颈椎不大好呢。”

听婆婆的口气，她有想来的意思，只是，刚刚对儿子发了狠，此时下不了这个台阶，须得我给老人家搭个梯子才成。我说笑话儿一般，跟她谈起家中的小保姆：勤快、麻利，且力大无穷。洗碗时，碗碟个个崩坏了门牙；拖地时，捣碎了茶几上两块玻璃。这还没什么，看电视时，她能把孩子头朝下抱着。水管、液化气，只管开不管关。

电话那头，婆婆几乎要跳起来。她说，你还有心思笑呢，这哪儿是保姆，这是个明目张胆的杀手啊！不行，我得去照看我孙女。至此，我才松了口气。

刚才，若是棋差一着，陪着老公谴责婆婆，这会儿，不光家里照旧乱着，怕是3个人都在生气呢。人生不满百年，恋爱育儿，工作娱乐，都远远不够使呢。一个聪明女人，怎会舍得花大把的时间与精力，冒着迅速衰老的危险，去和唯一能帮自己的人斗气呢！

婆婆说来就来了。她一点儿也不矜持，进门就换上了休闲服，系上条彩格子围裙，活脱脱就是一个戏里的俏厨娘。没多久，变戏法似的，饭菜就上了桌。小保姆钦佩得瞪圆了眼睛，她早已提出，做完这个月就走，要我赶快找人。此时，我心中窃喜：婆婆如此能干，我的运气好得很啊。

婆婆何等精明，她微微一笑声明：今天，就先做个示范，以后只负责指导，而且，最多住一个月，她就走人。她喜欢旅游，年轻时工作忙，又顾着家，现在好不容易退休了，不能再委屈自己了。老公一急，刚想张嘴，就被我拧了一把。我边给婆婆夹菜，边称赞她说得在情在理。

见我们没有异议，且态度恭敬，婆婆便流露出找不着对手的茫然。我明白，只要有谁稍露不满，婆婆那里，早有一套颠扑不破的真理等着我们呢。此时满桌佳肴，满室阳光，正适宜享受生活，培养亲情。我才不会像老公那么傻，预备在错误的时间、错误的地点，发动一场错误的战争。

晚上，老公忧心忡忡，问我怎么才能留住婆婆。我说："恭维。"老公嗤之以鼻："我妈早让人宠坏了，什么好话没听过，这一招，她早有免疫力了。"我说，她还没听过儿媳妇的恭维吧。老公乐了：这是真的，我嫂子就不爱吭声，我妈老嫌她傲气。

我虽然出自平民家庭，却继承了我妈的特点，待人和善，喜欢赞美别人。并没有什么目的，只懂得一个常识：赠人玫瑰，手有余香；赠人荆棘，最先被扎着的，往往是自己。

于是，我只要瞅着机会，就不露痕迹地夸婆婆一下。那天，邻居说宝宝的下巴好看，我就说，跟奶奶的很像哦，真希望，她将来会有奶奶那样的气质。后来，老公告诉我，婆婆在厨房，边择菜边偷着笑呢。

我们去商场购物，我诚恳地赞美她的一切。试鞋时，我惊叹她的脚，长得白皙秀气；试衣时，我称赞她的腰肢，宛如少女，当然，我眼睛近视，绝对看不到她身上那套昂贵的塑身内衣。最重要的是，付款时，我实心实意地跑在最前头。

婆婆感慨道：我这些儿女，都习惯了我为他们埋单，因为老妈有钱。可今天，终于有人肯为我埋单了，感觉真的不一样。我理解她的感受，女人，就算万事俱备，依然渴望成为被人宠爱的东风。

很快，一个月时间到了。小保姆如期告辞，新人尚在寻觅中，老公焦躁得坐立不安，茶饭无心。我悄悄观望婆婆，她只一味地装糊涂，压根不提走的话。我们，自然比她还糊涂。就这样，她留了下来，一个人忙里忙外的，着实辛苦。

有时，她半笑半恼地说："我也算是个从不吃亏的人了，可见了你，就像掉进了迷魂阵，心甘情愿地受累。都是你这张嘴，蜜蜜甜，哪儿痒痒挠哪儿，四肢百骸，都像在高压锅里蒸过一般酥软，直夸得人上了瘾。"老公满面得意，我不说话，只是笑。

婆婆是个崇尚精致生活的人。她曾批评我，把好好的家弄成了宿舍。我并不恼，也不申辩自己忙，反笑嘻嘻地向她讨教，怎么布置才好。她一时兴起，干脆动起手来。一幅壁挂，几个小摆设，两三块奇石，并不花哨，却让人眼前一亮，心生欢喜。我毫不吝啬地用最热情的语言，赞美着她的品位。

婆婆瞅着我，微微笑道："我一直以为，你没心机、老实，这会儿看来，你才是个人精呢。哄着我，又出钱，又出力的。"我也笑，此时若恼，那就是又犯傻了。你何时见过一个明白人，守着这样漂亮舒适的家不乐，反为一句没要紧的话，铁青着脸，扮恐龙吓人的。

家务活，真不是容易做的。我和老公都忙，宝宝又常感冒，一时间，把婆婆熬得眼袋皱纹全出来了。她是真的累着了，却没像往常那样抱怨。我心里有些惴惴不安：女人，大凡心里存着这么点儿委屈，日久天长，就会生出怨恼来。得想法子，给她疏导出来。

我去美容院，办了两张贵宾卡，经常趁午休的工夫，叫上婆婆去护肤。柔和的音乐声中，女儿在婴儿车里酣睡，我与婆婆舒适地躺在床上，闭着眼享受按摩。这成了那家美容院的一景。

经过一番细密的筹划，我们一家四口，终于兴致勃勃地出游了。老公负责带孩子，我负责照顾婆婆。两人早商议好的，在我家人面前，由他当劳模，在他家人面前，我就是标兵。想尽一切办法，尽快打入亲人内部。

小女儿肉敦敦的，沉得很。我们俩轮流抱着，只在照相时，才让她偎到奶奶怀里，手舞足蹈一番。婆婆是个精细人，这样心思，她岂有猜不透的。所以，照片里那些欢喜的笑容，让我知道，她心里那点儿委屈，已经散了。

回到家，孩子睡了。娘儿仨，亲亲热热地挤着，在电脑前看照片。一长一短地说着，谁的眼睛没睁开，谁的头发被风吹乱了，哪一张照得最好看。忽地，婆婆指着一张相片笑，你们看，你们看！

我和老公不禁动容。霞光铺了半边天，仿佛可以裁成跳舞的衣裳。我和婆婆头挨着头，安静地，看野花开，牛羊啃草，仿佛要这么亲亲密密地挨一辈子。婆婆轻叹："我一直以为，憨厚的人才好相处，谁知，跟聪明人在一起，更轻松。"我的心一动，可不是吗！

婆媳的距离那么近，中间，只隔着一个男人。若要厮杀，一场战役，殃及三代，历时半生。且让这个男人，心神俱疲，无法做人。若能处好，雨冷有伞，雪寒有炭，一家人，贴心贴意。到时你会明白，那是一辈子的温暖。

细节情，简单爱

文 / 黄了青梅

这些年，温暖我心的，是她给的那些好。那些动人的细节，一直都在我的记忆里婉转……

我生日时，婆婆从老家来，给我带了一件棉衣。刚接她上车，她便迫不及待地拿出来让我穿上身。老公撇撇嘴："那么老土的样子，她才不穿。"她有些失望，讪讪地说："天凉了，你晚上写东西时候穿着行不行?"说这话的时候，她目不转睛地看着我，"俺妮儿 30 了，也没啥可以给妮儿的。"

棉衣被我拿在手里，大红的面料，细得不能再细的针脚，收了腰身，连丝绸盘扣都做得很精致，穿在身上，像是量身订做的。我搂着她的腰说："明天上班就穿着!"她听了，高兴地一连声应着，像个讨到喜糖的孩子。

回程的路上，我的手一直被她握着。转头看她，入了冬，她的脸比以前更粗糙，我眼里的泪一点点儿漫上来。

这个女人，总觉得欠了我的。因为我嫁给她儿子的时候，她一贫如洗，给我们添不了一件像样儿的家具，她总说我进她家的门亏了，可是，却不知道我的感动。第一次跟她儿子回家，她把小小的院子收拾得整洁无比，床铺又软又舒服。公公开玩笑说，她恨不得把那些牛羊都给洗个澡，知道你们回来，被子晒了一次又一次，褥子铺了一层又一层，铺一层躺上去试一次。

前年，我要出国两周，把她接来家照顾老公和儿子。出行的前一天晚上，我收拾行李，在房间里出出进进。她跟在我身边，一直唠叨着，别忘记该拿的东西。她最关心的是那个国家的天气，她听别人说，我要去的国家同这边的季节正是相反的，这边还是盛夏的热，那儿一定就是飘了雪的冷。看我拿的都是薄衣，她坚持翻箱倒柜地找厚衣服给我。我告诉她，那个国家也不过是二十几度的样子。她犹豫着，还是不放心，但是见我坚持，就没了辙，讪讪地坐在一边，厚厚的衣服一直被她揽在怀里。接下来的半个多小时里，她一直重复着“不冷加衣裳，不热加干粮”的民谚，想要说服我带着它们。我给她解释转机的烦琐，坚持减少行李的必要，到最后，语气已然有了些不耐烦。

临睡的时候，她敲我的房门，递给我一包口香糖。她说，她来时问过邻居家的婶娘，飞机起飞的时候会耳鸣，到时候吃块这个就会适应，刚刚下楼买了给我。她说：“妮儿，我刚才下楼是自己坐的电梯。”她说这话的时候，把口香糖递给我，轻描淡写的。但它们在我的手心里，是漫天漫地的暖。

她只上过 3 天学，连自己的名字都不会写，这一辈子去过的离家最远的地方，就是 200 里外我和他儿子的家。这一次没有人陪伴的电梯经历需要她多大的勇气！我去国外，对于她便是一件莫大的事情，那些牵挂和爱，她无从表达，能给予我的，无非是这些暖的衣和甜的糖。我清早做的第一件事情，便是让她帮我把厚衣服和那些她认为有用的东西统统塞进了行李箱，塞得满满的。她的脸上乐开了花，不停地说，这样就放心了。

到了那个国家的第一个电话，我是打给她的。我说，飞机起飞的时候，幸亏她准备的口香糖；这个国家的清晨和夜晚就是冷，全团的人只有我最温暖，因为只有我听她的话，拿了厚衣服。她听了，在电话那端笑得开心极了，却又担心电话费，让我快点挂掉电话。

其实，我到了酒店，便把那些厚衣服都收进一个袋子里，整个行程都没用到它们。同住的朋友问我何苦这样折腾？她不知道，这样的折腾，可以省却一个如妈妈一样的女人两周的挂念。而相比起来，这一点点的烦琐又是怎样的值得。

说来这个世界就是一个偶然的世界，10 年之前，我们还是陌路，10 年之后，我们因为一个男人相爱。这些年，温暖我心的，是她给的那些好，那些动人的细节一直都在我的记忆里婉转。到家的时候，屋外飘了雪，扶着她小心翼翼地走楼梯，真愿意就这样走一辈子，跟一个这样爱着的女人。

Chapter 04

我们一生都有喜欢的人

我们一生都有喜欢的人

文 / 兰若水

我感激那两个男孩，
因为他们的喜欢，
给了女儿自信与骄傲，
让女儿拥有了一些美好的青春期记忆。

喜欢一个人就是要对她友好

小学五年级，女儿晓晴回来跟我说同桌陈晓锋总对她不友好，不是将她的作业本抢走，就是拿粉笔头砸正在跳皮筋的她，这让她倍感困扰。

当我知道陈晓锋只对她一个人这样，对女儿也没造成实质的伤害，而且有别人欺负女儿，他还上前帮忙时，我就清楚陈晓锋喜欢女儿。小学阶段的男生，往往不知如何表达自己的喜好之情，总用这种让人误解的方式表达出来。而在最初女儿向我诉说时，我就将上面的看法告诉了她。她微微一怔，明显不相信。

我拍拍她脑袋："有一些小男生会因为喜欢你而对你很好，但也有一些小男生，会如陈晓锋这样表达。"她撇撇嘴："真不敢相信。"

但接下来的时间，她对陈晓锋的小小骚扰能抱以宽容的态度，不再那么计较了。但后来，一件事真正惹怒了她。那天放学后，陈晓锋一路跟着她，被她发现后，恢复了以前的样子，拿着一根小树枝在她身后飞舞，状似要打她。她吓得一路狂奔回家。

这一次，她坚决要求我给她帮助。虽然他并没有真打她，但女儿说不能容忍陈晓锋两点：第一，放学后还跟着她；第二，用树枝惊吓她。

我打电话给班主任老师。老师是一个 50 多岁的女性，很有教学经验，也很有爱心。我们聊了一会儿，都认定了陈晓锋对女儿的种种"骚扰"确实是因为他喜欢她。但要如何让陈晓锋友好起来呢?

第二天，班主任老师将陈晓锋叫到办公室。问他是不是特别讨厌晓晴，如果是的话，就将他们调开，不再同桌。陈晓锋一听就急了，连连摇头，说不讨厌晓晴。而且晓晴在学习上对他帮助很大。老师再问，如果不是讨厌，怎么会总是不停地"欺负"她呢?陈晓锋脸红红的，不再说话了。班主任老师这时说："我挺喜欢晓晴的，积极善良，热心助人，衣着整洁。你喜不喜欢她?"陈晓锋立刻点头。老师语重心长地说："喜欢别人是件好事，但喜欢一个人，是对她友好，在她需要时帮助她，在她难过时安慰她，而不是欺负她，懂了吗?"陈晓锋的脸更红了。

从此之后，陈晓锋真是对女儿友好了许多。有一回下课时女儿在操场上摔倒，他第一个冲上去扶着她去医务室，第二天还送她回家。

我招待陈晓锋吃饼干，向他致谢，并请他以后继续帮助女儿。从那以后，他们就成了好朋友。

校园处处流行“告白”

上了初中后，女儿跟我聊起了“告白”一词。说实话，我真是愣了半晌才明白“告白”的意思。那是一个与她很要好的女孩，在校园里上体育课的时候，被班上一个男生当众告白。我再次愣了一下，当众告白？现在的风气如此开放吗？男生也不怕被拒绝吗？

女儿摆手：也不是当众告白，在体育课自由活动时，男生将一张字条与一个冰淇淋悄悄地塞到正口渴的女生手里。如所有第一次接受告白的女生一样，女儿的朋友根本没意识到那代表什么。展开字条一看，写着：我喜欢你。当时差点就将字条与冰淇淋扔在地上。

女儿笑嘻嘻地说：还好，我在旁边，所以一把接住冰淇淋，我一半，她一半，分着吃了。可是转瞬，她的笑意就消失了，换成了失落。然后问我：“妈妈，为什么没人向我告白呢？”我深深懂得这小女孩儿的心思：其实并不是喜欢上了某个人，而只是一种被异性肯定认可的象征。我无比笃定地说：“很快就会有的，只不过是时间的早晚。当然，也不一定非得要告白才行。有时候，你会发现，男生会暗地里喜欢你。”

女儿看着我，似信似不信，微微低下头掩饰着自己的失落。

真有喜欢我的人

前不久的一个周六，老公有事外出。吃早饭时，女儿忽然问我：“妈妈，有人说孩子的秘密讲给妈妈听是最好的，因为妈妈绝不会向别人透露，是不是呢？”我点头，她又问：“你保证不讲给爸爸听吗？”在我保证后，她才神秘地说出来：“真有喜欢我的人了。”我的心一跳，有点激动。那一瞬间，仿佛自己回到了青涩年代，脑海里纷纷闪过那些欲说还休的眼神，以及那些偷偷塞到我课桌里的字条。

我连忙问："谁?"由于经常与女儿聊及学校生活，她同学的名字我知道一大半。她说："不止一个哦。"我追问："都有谁?"女儿点了名字，后面的杨朗、林元道。我再次问道："你怎么感觉出他们喜欢你?"女儿一一道来：杨朗的数学成绩比她好，每次她问他数学题目时，他都讲解得特别尽心。女儿不高兴时，杨朗会比任何人都先发现，并主动问她怎么了。而我则想起有一回我与女儿在路上遇到杨朗，他看女儿的眼神特别明亮与喜悦。林元道打篮球打得特别好，人也聪明，可不爱学习，老找人替他做作业。有一回，他威逼女儿给他做作业。女儿真的给他做了，而且做得特别整洁。林元道说没必要写得那么详细时，女儿认真地对他说："我希望你能在誊写的过程中，看到每一个步骤，你那么聪明的人，看懂了一道题，这种类型的题你就都会做了。"

林元道那一刻有点发怔，拿着本子回去时神情异样。从此后，他的学习态度认真了很多，作业也很少让人帮着做了。而且，下课时经常从教室后面跑到女儿所在的教室前面，和杨朗挤在一起，与她说话。

这样一说，我也觉得，那两个男孩，确实是喜欢女儿的。

那一刻，我感激那两个男孩，因为他们的喜欢，给了女儿自信与骄傲，让女儿拥有了一些美好的青春期记忆，也让女儿认同了女性这种身份。

但我也有了隐隐的担心，万一两个男孩也向女儿告白的话，会怎样呢?

不能仗着他喜欢你而伤害他

杨朗与林元道在女儿心中的位置很快分出了高下，她喜欢的是林元道，高大，打得一手好篮球。相比之下，杨朗就只有学习成绩好这一个优点。

我密切关注着女儿的动向，幸好一直都是学生时代懵懂的喜欢而已，那两个男孩与女儿都没有进一步的行动。我放心了不少。

日子悠长，女儿也总有新鲜事回来跟我聊。这一天，她说起女生们在课后围在一起给男生起外号。今年是虎年，而杨朗个子矮矮，体形胖胖。女儿灵机一动，就给杨朗取了个“矮脚虎”的外号。这外号一出，同学们都觉得神似，所以当天下午班上就有一半同学知道了杨朗的外号。

自习课上，有人怪叫一声“矮脚虎”，杨朗气得几乎跟那个同学打起来。可是那同学指着女儿说：“何晓晴给你取的名，你有本事就去找她呀。”杨朗的脸由红转白，又由白转红，最后却只是悻悻地回到座位上去，只不过那天放学时不再理女儿了。

听着女儿毫无愧疚的述说，我心里一痛。我问：“你怎么不给别人取这么难听的外号？”女儿说：“别的男生生起气来说不定会打人呢。杨朗呀，我看准他不会对我怎样。”我沉声道：“女儿，你不能仗着别人喜欢你而伤害他。这是我们做人的基本原则。”

女儿看着我少有的郑重，愣了一下。我继续说：“你想想，如果此时林元道伤害了你，与别人伤害你比起来，他的伤害是不是会让你更难过？因为喜欢对方，便给了对方信任、友情、关爱这些积极的情感，不知不觉中，也希望对方用同样的感情来对待自己。就是说，喜欢了一个人，对他的期望就高一点。所以，来自他的伤害也就更痛更深。”

女儿知道自己错了，低头不说话。我语重心长地说：“同样，也不能因为你喜欢一个人，就傻傻地心甘情愿被他伤害。人都有尊严，有梦想，有能做的事及不能做的事。如果他要伤害你，要拉着你去做你不能去做的事，你要义正词严地告诉他；如果他还继续那样做，说明他不值得你喜欢。现在是这样，以后也是这样。”

女儿点点头，在琢磨着我讲的这番话。她的成长之路还很长，我看着她，有盼望也有担忧。

谁说孩子不懂爱

文 / 蝶舞沧海

没有亲情概念的孩子

去年春节，我和老公带4岁半的儿子桐桐回了趟老家。

晚上，我妈给桐桐讲故事，绘声绘色地描述："小孩在黑暗中听到咔嘣、咔嘣的声音，就问狼外婆在吃什么？狼外婆回答，我在吃豌豆呀。而实际上，那是狼外婆在啃妈妈的手指头……"桐桐饶有兴趣地听着，问了几个与故事有关的小问题之后，就渐渐进入了梦乡。

妈看了看我，意味深长地说："这个故事我给纤纤也讲过，纤纤当时一听就哭了，边哭边捂我的嘴说：'不许吃妈妈不要吃妈妈！'"纤纤是我侄女，比桐桐小半岁。

妈妈的话让我心里打了个激灵。同样是孩子，对这个残忍的故事反应却截然不同。这说明了什么呢？

第二天一早，我还没起床，就被纤纤的哭声闹醒了。起来一看，纤纤在地上打滚撒泼，怎么都哄不好。妈没辙了，干脆捂着肚子蹲下来，作出痛苦的表情“哎哟”直叫唤。纤纤偷偷打量着妈，哭声越来越小，最后终于忍不住，一骨碌爬起来抱住妈的臂膀使劲摇晃：“奶奶，奶奶！你怎么了？”

我傻眼了。因为这种招数我也曾和桐桐用过，一点儿用也没有。他闹他的，根本视而不见。

这两件事，在我心里掀起了轩然大波。俗话说有比较才有鉴别。以前我总认为桐桐还小，可事实证明，再小的孩子也应该有颗柔软的心，也应该有个血浓于水的亲情观念。我仔细回想了一下，我和老公体质都不太好，可桐桐似乎从来没有关心过我们的病痛和喜怒哀乐。他喜爱的零食玩具，碰都不让我们碰。印象最深刻的是，有一次桐桐问我肚子上剖宫产的疤痕，我告诉他：“这是妈妈生你时挨的一刀，为了你，妈妈差点儿把命都丢了。”我以为他会表示一下心疼，谁知他吐着小舌头没心没肺地说：“真丑，像条蜈蚣。”

我叫来老公，郑重地和他说了说。老公一听也认真起来，觉得这是一个不可忽视的问题。

无孔不入的加强课

回家后，我们开始按步骤行事了。

我问桐桐：“宝，你爱爸爸妈妈吗？”他答：“爱。”我再问：“那你知道怎么去爱吗？”他一脸懵懂地看着我，摇了摇头。我告诉他：爸爸回来，给爸爸倒杯水；妈妈累了，给妈妈捶捶背；好吃的东西跟爸爸妈妈分享；吃饭的时候给爸爸妈妈夹菜；用你自己的零用钱给爸爸妈妈买小礼物，等等。

等我说完，桐桐嘟起了小嘴：“妈妈，我记不住这么多，我不要去爱爸爸妈妈好不好？”我一听来了气，板着脸大声说：“不行！不这样做你就不是个乖孩子，以后爸爸妈妈都不会喜欢你了。”桐桐“哇”地一声哭了。

为了加强桐桐对亲情的认知，我和老公几乎无孔不入。桐桐有每晚临睡前听故事的习惯，再讲故事，我们就会加个熊爸爸或兔妈妈的角色进去，再加一段血脉情深的情节。平时一家三口在一起，看似随意的话题也不离其宗。比如谁家的小孩主动帮妈妈洗袜子，谁家的小孩下雨时给爸爸送伞，多乖多懂事啊！

那天晚上，在网上看到一则新闻。一个8岁小男孩，父亲得了尿毒症无钱治疗，于是小男孩在家附近的街头摆摊擦皮鞋，说是要挣钱救爸爸。视频里，记者采访这个小男孩目前有什么愿望，小男孩说，我希望快快长大，这样我就可以把我的肾换给爸爸。

我连忙叫来老公和桐桐，让他们看了一遍。老公一边引导桐桐看，一边给他解说，最后故意抹着眼角长叹一声："唉，要是有个这样的儿子，就是死也值喽！"

我们偷偷观察桐桐的表情。他眼睛一眨不眨地盯着电脑，小脸在显示器的光亮里，似乎镀上了一抹与年龄不相称的成熟。

我们导演了一出亲情戏

工夫不负有心人，我们的努力终于见了成效。我给桐桐说的那些条条框框，他不但都记住了，还很快领会了其中的含义举一反三。

他不再是个以自我为中心的孩子，开始关心我们的小感冒，心疼我们的劳累。在我们双休日睡懒觉时，他会把电视的音量调低，连走路都像小猫一样蹑手蹑脚。

有一次我们一家出去吃饭，朋友们给老公倒酒，桐桐站起来挥着手臂大声说："医生说我爸爸有脂肪肝，不能喝酒，你们不准害我爸爸！"天，他居然记得老公前不久查出的脂肪肝。一桌人哗然，对桐桐小小年纪就有如此孝心赞不绝口。老公当时那个骄傲与感动啊，眼里有泪闪过。

不久桐桐的生日到了。吹熄生日蜡烛前，我让他许个愿。他不假思索就许了。吃完蛋糕，我饶有兴趣地问他许的什么愿，他歪着小脑袋笑嘻嘻地不说。我说：“你不告诉妈妈，妈妈怎么帮你实现愿望呢?”到底是个孩子，一急就脱口而出了：“这个愿望你帮不了我的，因为我许的是爸爸得尿毒症!”

晴天霹雳！我和老公面面相觑，好半天说不出一句话来。回过神来，我轻声问桐桐：“为什么呢?”被我们调教得异常敏感的桐桐，看到我们的表情后有些紧张了，嗫嚅地说：“因为那样，我才能跟那个小男孩一样让爸爸开心，让爸爸妈妈喜欢桐桐……”

见我们的脸红一阵白一阵，桐桐吓哭了：“爸爸，妈妈，桐桐是不是不乖了，你们是不是不喜欢桐桐了……”

我一把搂住桐桐，眼睛直发涩。我们在做些什么呀？他不过是一个5岁的孩子，我们却逼着他褪去童真，出演一场场讨好卖乖的亲情戏。我们得到了想要的结果，却剥夺了他童年该有的率真和无忧无虑。难道，这就是我们给孩子的爱吗?

他只是不会表达

我们选择了放弃。就算桐桐无法爱我们，我们却不能不去爱他。我们要给桐桐松绑，让他做回真实的自己。

在和桐桐说出他可以不再遵守我们给他制定的要求后，他高兴得一蹦三尺高，还搂住我和老公的脖子各自“叭”地亲了一口。我们无奈地相视苦笑，心里有些酸。

桐桐明显比以前活泼快乐起来，整天神采飞扬。他可以很专注地看动画片，不用听到我说一句颈椎痛就过来帮我揉几下，也不用看到茶几上有苹果就帮我们去洗两个。他可以一个人把最爱吃的巴西松子像小松鼠一样慢慢嗑完。

他不知怎的迷上了奶茶。每次冲一杯，他喝完还要用小舌头舔舔，一滴都不舍得浪费。这天，我去给桐桐冲奶茶，桐桐在客厅看电视，一不小心开水溅到手背上，我尖叫一声，手一抖，一杯奶茶洒了一半。桐桐闻声飞快跑来，我以为他看到地上的奶茶会心疼，甚至会怪我不小心。谁知他的第一反应是捧住我的手，一脸惶恐地嚷嚷："妈妈，你的手烫红了，一定很疼吧？我去打120吧？"

在这一刹那，我忘记了疼痛，因为我看到了自己一直在苦苦寻觅的东西。这种柳暗花明的感觉让我热泪盈眶。这个小小人儿，谁说他不懂爱呢？他只是还不会表达罢了。突然间犹如醍醐灌顶——这大半年来，桐桐之所以小大人似的委曲求全，不就是害怕我们不喜欢他、害怕失去我们吗？这不是亲情又是什么呢？

当然，桐桐还是那个桐桐，在得知我的手无大碍后又去美滋滋地喝他的奶茶了。他想不到刚才的事引发了我内心怎样翻天覆地的变化。我知道以后的他，仍然会有自私的时候淘气的时候，仍然会偶尔让我们有一点儿失望。但我不再忧心忡忡了，因为我已有了正确明晰的方向。要让一个孩子学会爱，不要操之过急，不要把爱的模式强加于他，而要先将他爱的本能唤醒。

面子的代价

文 / 崔华芳

原来女儿在与小伙伴相处时的霸道和任性，都是对于“公平”的呼唤……

一天，格格的小姨带着女儿菁菁来我家做客。我们都热情地招呼菁菁，把家里好吃的拿出来，甚至连格格最喜欢的奶酪都拿出来了。

一番寒暄后，我让格格招待小表妹，格格却愣在一边不做声。我以为菁菁来了，格格不定会高兴成什么样子呢，因为有玩伴了嘛！可没料想，格格不但不欢迎，还将自己的玩具管得牢牢的。我推了她一下，说：“怎么了，快把你的玩具给菁菁妹妹玩，她可是客人呀！”格格说：“不给她玩！”然后大哭大闹起来，弄得我们非常尴尬。

我批评格格：“哪有你这样当主人的，以后还想不想去妹妹家里玩?”格格竟然大声说：“我才不要去玩呢！”

格格外婆也说：“你看菁菁多懂事呀，你怎么一点儿都不听话?”格格说：“我就是不听话！”

我有些纳闷，平时一向比较大方的女儿，今天怎么这么小气了？但是，我没有细想，只得强行拿了几个玩具给菁菁玩，自己则到厨房准备饭菜。

好几次，我在忙碌的时候发现女儿不但牢牢护着自己的玩具，而且试图抢回菁菁在玩的玩具，后来竟然伸手打菁菁，说："我不喜欢你来我家，你走吧。"菁菁被推倒两次，委屈地哭起来。

在饭桌上，我们都批评格格："你是姐姐，又是主人，你再这样以后大家都不喜欢你了。"格格刚开始不吭声，后来就哭着跑开了。想到女儿的表现，我就没有理她，也不允许别人去哄她。

客人走了之后，我来到格格面前，发现她看我的眼神特别仇恨。我觉得格格这次表现非常反常，平时她虽然有些任性，但基本上都会与小伙伴分享自己的玩具，更不会伸手打人。这次怎么对菁菁这么不友好呢？

于是，我蹲下来，搂着女儿说："宝贝，妈妈知道你今天有点儿伤心，你能告诉我为什么吗？"

这时，格格又失声痛哭起来："妈妈，我不喜欢妹妹，你们都喜欢她，我就是不喜欢她！我不喜欢她来我们家。"听着格格歇斯底里的哭声，我终于明白了。

原来，我们出于"面子"，过于热情地招待菁菁，甚至不经女儿同意，就把她最喜欢的食物和玩具拿出来招待菁菁，这让格格感受到了失落和委屈。对格格来说，菁菁不是有趣的玩伴，而是外来的"强盗"，抢走了妈妈和外婆对自己的爱。正因为有了这样的情绪，格格才会反常地欺负菁菁。她的目的就是以不接纳菁菁来表达心中的不满。

从女儿的心声中，我感觉到了她对交往中"公平"的要求。

现在家里基本上都是一个孩子，我们总以为孩子很孤单，为了弥补孩子和同伴交往的遗憾，总想方设法地给孩子找个同伴一起玩。我们以为，玩伴能够给孩子带来快乐。事实上，对于孩子来说，同伴不仅仅带来乐趣，还带来更多的"竞争"。我们因为碍于"面子"让格格谦让，没想到，情感失落的格格却把怨气撒在小伙伴身上。

孩子的交往要体验到快乐，这才能让他们乐于交往。如果孩子从交往中感受到的不是快乐，而是焦虑、紧张，或者委屈、不公平，那么他们当然就要排斥交往了。与其责怪孩子，不如换一个标准来鼓励孩子和同伴交往，这就是“公平”原则。

以后，我们家再来小客人，我不再一面倒地夸奖别人的孩子，并且有意识地引导格格去招待他们。这样既尊重了格格的意愿，又照顾到了小客人，给孩子们创造一个“一起玩”的情境，让他们玩得开心。现在，格格非常喜欢家里来客人，她会把玩具拿出来与人分享，并招呼客人一起玩。看来，公平对待别人的孩子和自家孩子，是让孩子们愉快交往的必要“武器”。

“坏孩子”也是我的宝贝

文 / 艾童

我认真地捧起儿子熟睡的脸庞，心想，我一定会捧起你那孤独的心灵。

快到接儿子的时间，手机突然响了。我一阵紧张，果然，儿子又出事了。我飞奔至幼儿园。其他的小朋友都在活动角玩，他却一个人坐在位子上。

老师告诉我，儿子今天扯一个小姑娘的辫子，小姑娘告诉了老师。老师批评儿子时，他却恶狠狠地对小姑娘说："我要打死你，我要打死你！"说着就去掐人家的脖子。老师拉住儿子要批评，结果，他竟然拿起旁边的小椅子砸了老师。

听着老师的描述，我感觉我这个当妈的特别失败，甚至不敢正视老师被儿子砸到的手腕。这时，我听到有人对我说："你就是妈妈吧？你儿子太没有家教了，回家好好管教一下吧！"我抬头一看，分明看到对方眼神里流露出的鄙夷。我狠狠地瞪了儿子一眼，他却一副没事人的样子。

儿子不会自己吃饭，不会脱衣服，不会穿衣服，上课一分钟也坐不住，总是自说自话，每天都打人……总之，全是缺点。

我是小学老师，老公是中学老师，但是，我们的儿子却是幼儿园里的差生。我默默牵着儿子的手回家，心里像打翻了五味瓶一样。

宝贝，你来得实在不容易

是我千辛万苦才怀上的。婚后 4 年，我一直不孕。为了怀孕吃叶酸、补营养、吃激素，情绪也一度喜怒无常。后来，竟然发现老公无精。当时我真有点绝望了，这就意味着我们不能拥有属于我们两个人的孩子。商量了很长时间，最终决定借用精子库的精子做试管婴儿。终于，我如愿以偿地怀孕了。

我和老公都非常高兴，因为没人知道我们是通过借种怀上的，甚至我的父母也不知道，生怕他们走漏风声伤害老公的自尊心。

儿子出生后我休了半年产假，然后就返回了工作岗位，把他放在我父母家里养。我父母对他特别溺爱，要什么给什么。我和老公每周末回去看他。儿子很乖，两岁时就认识了许多字，会背许多唐诗。可是将他接到我们身边，他却成了一个问题儿童。上幼儿园的第二天，他就把一个小朋友的鼻子给咬了。我们带着孩子去给对方家长道歉，还赔给对方 100 元蛋糕券。

过了两天，他又追着一个小朋友打。吃午饭时，他含着满嘴的饭去咬那孩子。被老师拉开了，他就向那个孩子吐口水。午睡前，那个孩子从教室外面活动回来，他跑过去开门，老师还以为他们和好了。谁知道儿子拉开门之后，对着那个孩子就是一脚。

每天，我的神经高度紧张，生怕手机响，生怕老师叫我去学校。为了让不打人，我还特地买了两本书：《小手不是用来打人的》《牙齿不是用来咬人的》，每天给他讲，他怎么就不知道改正呢?

曾经以为你真的不是我的天使

回到家，我接到今天被儿子拽了辫子的小姑娘妈妈的电话，无论我怎么道歉，她都不原谅，末了，竟然要求我们转园。

我越来越委屈、越来越气愤。

我让儿子坐在沙发上，问他今天为什么要打小朋友，可是他歪着头坚持说："我没有打人，没打人！"我气不打一处来，抓过他的小手，狠狠地打了一下。他吃了疼，哭了，边往回缩手边说："我没有打人！"

明明打了人，还嘴硬，我真是气疯了，狠狠地拉住他的手，又打了两下。

天天被家长堵着告状，天天被老师批评教育，我受够了。我教的学生都很棒，为什么自己的儿子却这么不让人省心？我非常沮丧，有一种强烈的挫败感。不停地抽噎，我倒在沙发上啜泣，直到老公回来。

我到卧室调整情绪，他与他爸爸在客厅。过了很长时间，老公带着他进来了。

他怯生生地对我说："妈妈，我错了。可是，我真的不是故意要打人的。今天，我只想把菁菁辫子上的纸屑拿下来，她却报告老师，说我打她，我很生气，就真的打她了。"

我一听，有点后悔自己下手太重。继续说："上次，我想拉萌萌（那个他经常打的小姑娘）的手，可是萌萌不但不理我，还推了我一把，所以我就去打了她一下。还有，前天，元元在哭，我用手帮他擦眼泪，元元就跑去告老师，说我打他。老师批评了我，我很生气，就打了元元。"

望着儿子诚恳的神情，我有点不好意思直视他的眼神。我可怜的儿子，原来他是想对小朋友表示友好，可是小朋友却不领情。

这时，儿子捧起我的脸说："妈妈，你不爱我吗？"

怎么能不爱呢？可是他那么让人不省心，我故意别过脸。儿子把我的脸扳过来，问："妈妈，我是好孩子吗？小朋友都说我是坏孩子，他们都不要和我一起玩，你说我真的是坏孩子吗?”

我一把将他搂在怀里，心疼得像被鞭子抽打一般。

捧起孩子孤独的心灵

儿子总是不受欢迎的那一个。有一次，我送儿子去幼儿园，老师在念儿歌，儿子拿了小椅子坐下，结果旁边的小朋友都带着小椅子走开了。我问他们为什么？他们异口同声地说：“是坏孩子，要打人的。”老师说，有时明明不是他做的坏事，但只要问小朋友：“这是谁干的啊?”小朋友都会说是他做的。

天天背黑锅会是什么滋味儿？才4岁零3个月，他应该常常伤心吧。他在农村长大，突然到城市里来上幼儿园，没有朋友，想关心别人，却因为方法不恰当而被人误会。儿子小小年纪受到排斥，他的心灵该如何孤独呀！可是，我这个妈妈却一直忽略他的感受。

儿子要我帮他折飞机，我推说妈妈不会，等爸爸回来了让爸爸折吧；儿子让我陪他玩轮滑，我推说妈妈扶不住你，让爸爸有空的时候带你玩吧；儿子要我给他讲故事，我推说他咬了小朋友，罚他不能听故事。

其实儿子只是想寻求妈妈的关注啊！每次他攻击别人时，我们都会轮番去“教育”他。有一次，他竟然哈哈大笑，我们差点以为他是被我们骂傻了，其实那是他为达到了自己被关注的目的而笑。

想到这些，我惊呆了。原来，儿子只是想用攻击他人来引起我的关注，哪怕是我对他的呵斥。我真不是个称职的妈妈。

我以为我给他买很多的书，这就是爱；我以为满足他物质上的要求，这就是爱；我以为把他从小床上移到大床来和我睡，这就是爱；我以为每天言不由衷地鼓励他“你很棒”“老师和小朋友都会喜欢你的”，就是对他的爱。

其实，我错了。虽然我天天陪在他身边，可是我没有真正地理解他的内心感受，没有和他的心灵交流过。我可怜的，当他发现，只要他一做错事，妈妈就会放下工作来找他谈话，还带着他和别的孩子一起玩，他就不断地惹事。

我愧疚地搂住了他。儿子轻轻地说：“妈妈，我知道打人不好，可是我真的没有打人。妈妈，你还会打我吗?”我含着眼泪轻轻地抚摸他的头说：“不会了，妈妈再也不会打你了。你永远是妈妈的好孩子，妈妈永远爱你!”

儿子在我怀里睡着了，老公说:“今天，幼儿园园长对我说，儿子跟任何人说话都用手去捧住对方的脸，这表明儿子内心是非常孤独的，他感觉不到关注，所以用这个举动来强迫他人关注他。也许，我们最应该做的就是捧起儿子孤独的心灵。”

我认真地捧起儿子熟睡的脸庞，心想，我一定会捧起你那孤独的心灵。

我的小资父亲

文 / 雪小禅

对于母亲喜欢打麻将这个嗜好，父亲说：“谁没个爱好啊，输赢放一边，能够投入地喜欢一件事情，那是幸福的。”

我的父亲是一个最典型的小资男人。虽然他不知道什么是小资，可他的确很小资。

在这一点上，我自叹不如。虽然外界称我为小资作家，但骨子里我很世俗，一点儿也不小资。譬如每次谈出书，第一个问题总是问对方给多少版税。

并不是说父亲多么不爱钱，而是他把钱看得很淡，一个月挣三四十块钱的时候，他曾花 15 块钱买一个三极管，然后一烙铁下去，“刺啦”就完事了。母亲为此没少和他吵架，甚至曾经到了快离婚的地步。

他确实是个不善于过日子的人，他有太多的爱好，比如观天文、吟诗词、写书法，并且都做得不错。他的主要身份是一个电子工程师，在少年时，他已经会组装收音机和录音机。我就是通过父亲知道的邓丽君，因为他是邓丽君的忠实粉丝，家里邓丽君的磁带最多。那时我都十三四岁了，父亲也应该近四十岁了，可他听邓丽君，看《中篇小说选刊》，活得非常诗意。

我记得小时候跟他去值夜班，他把我放在一个黑屋子里之后，就去和同事下围棋，或者一个人去看星相，他对这个世界总有太多好奇。我看《格林童话选》时只有10岁，当时非常迷恋，在上课时书被老师没收了，他厚着脸皮去朝老师要，一点儿也不说是女儿的错。他认为，既然孩子喜欢，总有她的道理。

我的学习成绩还算可以，弟弟就差多了，为此母亲追着弟弟打，满街地追，整个巷子的人都知道母亲的脾气不好。母亲嚷起来，巷子的人都知道，那时父亲总是对我们笑笑说："老虎发威了。"

与父亲的浪漫主义和博学比起来，母亲是一个简单的粗线条的女人，热心肠，没什么心眼，爱串门，总和一大帮中老年妇女打得火热。后来我们上学走了以后她迷上了麻将，用父亲的话说，她是一个"麻坛高手"。

别的夫妻总为打麻将吵架，父亲却从不和母亲吵。他说："谁没个爱好啊，输赢放一边，能够投入地喜欢一件事情，那是幸福的。"他的想法永远和别人不一样。我也反对母亲打麻将，她一打到半夜，输了就发脾气，赢了就开始狂买东西。而且，母亲是一个输不起的人，用父亲的话说，"牌风不好"。打着牌就会和人吵起来，父亲便上前说好话："算了算了，她这个人没什么坏心眼。"人家总是看着父亲的面子才又和母亲玩。

记忆中，他们很少吵架。母亲的脾气急些，父亲温和些，等父亲真急了，母亲便不再言语了，几十年就这么过来了。我仿佛记得昨天父亲还用自行车前面带着弟弟后面带着我去捕鱼，转眼他就老了，长白发了，但还是依然乐观。他参加各种俱乐部，和年轻人在一起研究霍金的《时间简史》，他练气功，召集得满院子都是人，母亲还要在一旁端茶和瓜子陪着。老了以后，母亲的脾气倒越来越好了，而且非常配合父亲的工作，比如照顾流浪猫，比如一起去外面旅行，比如把那些吃不上饭的无家可归的人领回来过年。

我每次回去，家里总有陌生人，年老的或者是残疾的，过年过节更是如此，家里永远有外人跟着我们团圆。有一次同事跟我回家办事，他问："那个拐子是你们家什么人?"

"不认识。"我说。

他很惊讶我的父母能收留这样的人，他们的确在收留他们。对于那些流浪的人，他们永远没有嫌烦过，这一点上，我无比崇敬父母的善良和宽厚。

知道父亲得了糖尿病，我急慌慌地打电话回去，他却出去买猫食了，哼着小曲进来时，母亲正和我说着父亲的种种坏处，说他又勾了一帮小孩子来跟他学二胡，每天"吱吱呀呀"地到后半夜，搞得她血压都高了。我知道父亲的热心，他从小热爱音乐，古筝、二胡、笛子、扬琴，这些民族乐器他全会，慕名而来的家长很多，有人让他收钱，可他说："和孩子们在一起，我乐还来不及，收什么钱?"

问他的病，他说："没事，别惦记着，好多人都有这个病，老李、老王、老刘全是，我们天天一块交流。"

他这样乐观，倒好像我小题大做了。

我听说沧州有一种药治糖尿病好，于是托人带了好多过来，结果上了当。他在电话中说："别乱花钱，你房子还有贷款，药的事你别管了，我和你妈可以自给自足。"

有时在网上遇到他，他说："闺女，你的小说写得如何了，别累着。"

其实我知道他们想我，但因为我在外面狐朋狗友较多，总顾不上回家。父母的电话总是会在晚上打来，他们知道我早晨起得比较晚。父亲总说我写的东西仍然不成熟，和"大家"比差远了，母亲总说又炸了新辣椒让我回家拿，我们说着家长里短的话，日子就这样一天天过去。

有一天又在网上遇到父亲，他说："爸爸想你了。"他很少说这种话，后来才知道那段时间他身体极差住了院，却不让弟弟告诉我，说我在外地工作忙。那句“爸爸想你了”让我很心酸。

我的眼泪不由自主地流了下来，父亲比我上网还早，有许多全国各地的网友，母亲并不知道我的文章在全国各地的杂志上发表，倒是父亲给我留着，然后对人家说：“看，我闺女写的。”

我的父母都老了，从小他们对我没怎么管过，用父亲的话说：“我是一棵野生的树，一直自己疯长”。他还说，“这种树一般有顽强的生命力，风吹雨打都不怕”。他们没有给我订什么条条框框，我一直顺其自然地发展着，即使第一年高考落榜，父母都说：“我们征求你的意见，愿意复读我们支持，不愿意咱就上班，行吗?”

他们永远是在征求你的意见，把你当成一个朋友。我选择了复读，第二年考上大学的时候父亲说：“不就是晚上一年嘛，最后你一定会比他们强的。”

这就是父亲，永远这样乐观，他不许我们哭丧着脸，说那样的话全家人的心情都不好了。每次进家门，他永远笑眯眯的，好像是有什么喜事，其实，家里过得不过是平常人家流水一般的日子。

而母亲还时常发些小脾气，向我告父亲的状，输了钱的时候也会说，手气不好。母亲仍然似一个还没有成熟的少女一样，喜怒哀乐溢于言表。但我知道，她是一个善良而快乐的人，纵容着我的任性。我和母亲的性格更类似，父亲便说，这样的女人，适合找一个没有脾气的男人宠爱着。在我的婚姻问题上，父母是唯一一次积极参与的，因为当时追求我的有两个男孩儿，一个高大帅气，但好像有些自负；另一个就是现在的老公，永远好脾气地微笑着。父母最后为我定了这一个，父亲说：“就算包办吧，但我也给你包办到底。”

事实证明父母真的是正确的，我的婚姻延续了父母的老路，我总是如河东吼狮一样暴跳如雷，而他永远是笑着等待我雨过天晴。

我知道父母的选择是对的，他们知道，怎样的一条路才能使自己的女儿更幸福。

父母仍旧住在小城的平房中，不肯住弟弟家的楼房。母亲爱在院子里种菜种花，父亲爱招些狐朋狗友到院子里下棋聊天，生活有条不紊地进行着。当我回到那个小院，当我可以亲手摘母亲种的柿子、石榴和小枣时，我觉得自己是幸福的；而在树下，我的父亲吹着笛子，每次回家都是那个曲子—《喜洋洋》。

那时，我感觉自己是天下最幸福的女儿。

Chapter 05

爱上双人舞

让男人感动的女人

文 / 吴淡如

他怀念你，也不代表真的想要回到过去，再与你携手同行；他懊恼失去你，但并不后悔曾和你分手。

一杯酒下肚后，微醺的小苏对我回忆起他一年前分手的女朋友。

“啊，她其实是个很好的女人……”

他的女朋友，我也认识，是个在工作上十分能干的女人。当然，我看到的只是表面。只有和一个女人相处够久够深，才会明白这个女人的爱情性格。

爱情性格和她的工作性格，往往是两回事。

工作起来锐不可当、处事严谨的女人，对她爱的男人可能异常温柔、百般奉承，这是别人看不到的。

小苏说：“她很在意我，会帮我掏耳朵、剪指甲……”

好像在对待宠物狗。我心里这么想，只是没说出来。

“那一阵子，我工作失意，很担心失业。她对我说，她的薪水也不差，如果我想休息一两年也没关系，她可以负担。”

哇，这个女人真的很爱他。如果有男人对女人这么说，女人也铁定会感动的。

大凡能让情人感动的事，自古至今都一样，要有一些“舍己为人”“有难同当”的成分。

要让对方感觉“连这种小事他（或她）都愿意为我做”，比如剪指甲掏耳朵买早餐清马桶或专程来为她打蟑螂之类。要不，就是要对他的家人很好，关怀备至。

只有令人感动过的事，才会变成爱情的记忆。

“从来没有女人对我，像她对我这么好。”小苏说。

“那么，你们为什么分手？”我问。

“唉，个性不合。有时候她太蛮横了，硬要我顺着她，我们常有争吵，最后情尽了……”

原来，是她只可以在某方面为他牺牲，而他希望的是她全面都折服于自己。

她愿为他着想作奉献，但他却没检讨，为何自己不肯收住脾气，稍稍让步？

不肯稍稍让步，只因她到底没有给他“真命天女”的感觉，她只是爱情史上的一首美好的插曲，并非主题歌。

我常听男人在追忆昔日恋人，渐渐听出了几个奥妙：

男人口中的好女人，并不等于他的真命天女。

他怀念你，也不代表真的想要回到过去，再与你携手同行；他懊恼失去你，但并不后悔曾和你分手。

还有，他拿这段故事跟别人分享，说那女人对自己有多么好，只不过是想要告诉别人：“看，曾有人那么爱我，我是多么值得被爱的啊。”

男人是一块木炭

文 / 琴台

男人的疏忽其实不是不爱，

而是因为，婚姻对于他们来说，就是一场置换：

浪漫置换为安稳，

海誓山盟的誓言置换为血浓于水的相濡以沫。

女友甲，40岁，女儿都上高中了。单眼皮了前半生，如今突然觉得双眼皮才美，坚决要去割双眼皮。

一个不惑之年的女人，再怎么折腾也变不回小姑娘不是？我拐弯抹角地举了好多手术失败的例子吓唬她，可女友依然一副明知山有虎偏向虎山行的英勇。还专门趁老公出差做了手术，只想给男人一个惊喜。孰料，一个月后，老公回来，看了半天也没看出老婆脸上有什么变化。那双眼皮，除了偶尔会发炎之外，没有给女友甲的生活带来任何变化。

女友乙，年纪一把了，却还是个“时装控”，一会儿短裙，一会儿长裤，恨不得天天换新装。有次老公出差，她要求他帮自己买一件时髦的时装回来，老公果然完成了任务。可是，打开包装一看，女友险些没背过气去。老公买的裙子，竟然和她衣橱里某条一模一样。

直到这时她才苍凉地发现，原来自己天天变着法儿地为悦己者容，可那个悦己者，根本就没有关注她到底穿了什么。

其实，无论是“双眼皮”，还是“时装控”，目的只有一个，那就是拢住男人的心。

对于大多数中年女人来说，婚也结了，孩子有了，自己也老了。她的青春全部奉献给了身边的男人，可对方呢，非但没有感激，反而对她越来越视若无睹。很多围城中的中年女人提到老公，心头都会郁闷：他为什么不像婚前那样爱我了呢？

环顾四周，最终她们将丈夫的转变，归结到自己的衰老上。于是，变着法儿地折腾自己，发着狠地拼尽全力和街上的青春美少女们PK。让人绝望的是，女人这厢水深火热、严阵以待，而男人那里却水波不兴、泰然自若。他们甚至都看不到女人为了博自己欢心所作的努力和改变。

那么，男人们看到的是什么呢？

事业、家庭、孩子、球赛，还有美女。不过在大多已婚男人眼里，美女不是用来霸占的，而是用来养眼的。美则美矣，却和自己没有任何干系，因为在他们心中，家里那个黄脸婆，虽然人老珠黄，却是定而不可移的孩儿他娘。

在中年婚姻中，老婆虽然不一定是心头最爱，却已经成了男人生命中不可或缺的一部分，就好比胳膊或者手脚，你看哪个男人每天闲着没事，撩起自个儿衣服摸来摸去的？

在某种程度上，男人的疏忽其实不是不爱，而是因为，婚姻对于他们来说，就是一场置换：浪漫置换为安稳，海誓山盟的誓言置换为血浓于水的相濡以沫。

可惜的是，这样的置换，很多女人都无法接受。她们恨不得老公就是一颗经年累月、始终发光发热的太阳，照耀着自己永浴爱河。而事实上，大多男人虽然来自火星，却只是一块木炭，燃烧从来都是短暂瞬间，更长久的还是保持着余温，在岁月里与爱宁静对峙。

婚姻需要创可贴

文 / 陈彤

鞋子不合脚，也许并不太让你犹豫，扔了吧；可要是你的婚姻就像这磨脚的鞋子呢……

参加酒会，特意挑了一双新鞋。结果，酒会还没有开始，脚已经磨破。我知道让脚舒服的唯一办法，是立即换掉这双新鞋。但是，马上去商店买一双又不现实。如果不怕丢人的话，倒是可以光着脚跟满大厅西服革履和晚礼服们谈笑风生，问题是我还真怕丢人。

婚姻遇到问题，很多时候和我参加酒会遇到的痛苦一样。离婚，丢人；不离婚，脚已经磨破。最好最好是，能有一双漂亮而舒服的鞋子立刻出现在面前，但这样的概率几乎为零。

那天到后来，我几乎寸步难行。实在痛得不行，我跟身边的女友抱怨，女友立刻从包里翻出创可贴，贴上之后，脚不那么疼了。

这天深夜，一女友忽然打电话来控诉她老公——事情很简单，她老公有应酬，要晚点回来。晚间新闻都播完了，老公还没回来，再打电话，没有人接。再打，手机关机了。

女友号啕大哭，哭完，问我："要不要离婚？"

还没等我回答，自己又哭起来，说："孩子这么小，怎么离？离了一个人带孩子怎么过？再说，离婚多丢人啊！"

我刚想开口，她那边就接茬说："可是不离，这日子怎么过？老公把家当旅馆……"

哭着哭着，她又后悔，后悔自己当年为什么挑了这么一个浑蛋男人嫁，还后悔为什么婚后一心扑在家里，光顾着生孩子养孩子，连个婚外恋都没有搞过——曾经有男人挺喜欢她的，给过她暗示呢，可她没"珍惜"，现在想想，哪怕给自己留个备胎也好啊！

她问我她该怎么办。我想起了那双酒会上的鞋，反问她：如果你是我，很不幸地穿了这么一双鞋去酒会，你会怎么做？当场脱掉，虽然脚不会那么痛，但可能要适应他人怪异的目光，还要当心地上的图钉什么的；忍了，不仅要耐痛，还须谨防伤口感染。

她想了半天，最后问我怎么做的。我告诉她，我选择了创可贴，坚持到酒会结束。"然后呢？"她追问。

然后，如果不磨脚了，那就接着穿呗，挺漂亮的一双鞋，何必扔？如果还磨脚，再换也不迟。

我对她说，千万千万别一遇到问题，就马上去想"离"还是"不离"的问题，先找"创可贴"，把伤口贴上——也许，过两天伤口就好了，而你脚上的鞋，磨那么一两次也就舒服了呢。

当然，如果那双鞋磨掉你一层皮，再穿上依旧让你的脚生疼，建议你还是舍弃它吧！削足适履这事不是不可以，只是这痛苦不是一般人能受的。那个不适合你的婚姻、不适合你的男人，也一样。

婚姻里，花是虚的，对你的情意是实的；一句温柔体贴的话是虚的，替你分担家务是实的；表扬你是虚的，信任你是实的；礼物是虚的，把工资全部交给你是实的。

婚姻的虚与实

我向来反对过情人节，那是商家骗钱的伎俩，我若被套牢，不晓得要被人家赚去多少冤枉钱。所以我坚决拒绝老公给我买一把濒临凋谢的烂玫瑰，有那钱不如给儿子买罐奶粉来得实在。

MSN 上某友跟我抱怨，说与老公为情人节吵架了。我问原委，她说，老公在情人节这天要出去应酬，不回来陪她。她要求道歉，老公说，这又不是什么大日子，有啥可陪的。于是她就掉泪了，把我笑得稀里哗啦。我说大姐啊！你都结婚 N 年了吧？怎么还搞得跟未婚少女似的？你没摆正位置吧？你还当自己处于被追的年代啊？

那友生气了，说，你怎么这样啊，追到手就不必讨好了吗？

我说，错！以前被追，你是被动的，他是主动的。结婚后，这个家就是你的了，你得量体裁衣，看菜下饭，经常给他点儿小恩小惠，给那可怜的离了娘跟你过的孩子送点儿温暖。

她又不平了：俺也离娘了，为啥他不给我点儿温暖？

我说，那就看你把自己放在什么位置了。如果你觉得这家是你的，你就得当家做主，平衡关系，八面玲珑。你招待他的朋友，拉拢他的伙伴，到时到月就打点。如果你觉得这家是人施舍给你的，那就等着人不时给你小恩惠呀！这是两种心态，你是愿意当主人呢，还是愿意当宠物？

她不响了，过了一会儿说，婚姻得两个人经营，只我一个人付出，我为什么要保留它？

我说，对呀，你付出了，你就得有做主的权利，有说话的分量。这就叫权利义务对等。你有什么要求，你就直说，不必使小性子，一人闷头哭，让人猜。两人一起生活，干吗搞那么复杂的“你猜你猜你猜猜猜”，男人的新鲜劲就两天，过去了就腻歪了。你说你到底想要啥？

她说，我想他多陪陪我，不要每天出去应酬到半夜回来，搞得我们都没有自己的空间了。

我说，绕那么大弯子，借个情人节的题发挥什么？你自己都知道症结所在，何必找茬来为难老公呢？

婚姻关系其实跟菜市场讨价还价差不多，每个人都有自己的底线，在有共同做成一笔买卖的愿望下，就会你进一点，我退一点。比方说，你跟男人谈，我要你天天陪着。男人就答，不可能啊，我要干事业。那你就说，你隔天陪我一下，免得老婆跑了。他就答，我若口袋空空，你也跑啊！你再说，你一周出去混4天，留3天陪我。老公就会再退让，这样吧，我周末有空陪陪你，你爱上哪儿我跟你上哪儿。

这就是妥协。

如果两人都僵着，买卖就要完蛋。

我理解这个过程。以前老公一抽烟我就闹腾，我让他戒烟，他说不可能。他也没啥嗜好了，再不抽支烟，难受。

我想，他是抽烟好呢，还是养小老婆好？

显然抽烟好点儿。

但抽烟得有个度。一天一包，每天10块，一年就是3650元。这可是我买俩LV的钱！我凭什么让他一年烧我两个包啊！

于是，症结我找到了。所谓关心他身体健康，那是个幌子。我若让他戒了，他心情抑郁，搞不好还没抽烟活得长呢！两人再讨价还价，他同意三天一包烟，偶尔两天。这个限度我能接受。关键是他退让了，态度比较好。附带的好处是，也许真对健康有利也不一定。

婚姻里，花是虚的，对你的情意是实的；一句温柔体贴的话是虚的，替你分担家务是实的；表扬你是虚的，信任你是实的；礼物是虚的，把工资全部交给你是实的。

女人吧，别老避实就虚，透过表象看实质，拨开尘土现璧玉，这才是正理。

不能没有你

文 / 吴淡如

女人虽然不喜欢变成功能性的爱人，然而，精神需求转为功能需求，却是必经之路。

他在追求她时，曾经写下这样的情书："没有你，我食不知味，没有一点存在的感觉。你回来，我才意识到自己的存在。"

她只不过出差两天而已。

送她回家的夜晚，她也会在刚放下包包时接到他的短信，写着："你离开，把我的灵魂也带走了。"

隔不到 24 小时又要见面，他也会有失魂落魄的感觉。

求婚词他是这么说的："我不能没有你，请你一定要嫁给我好吗？让我的人生因你而圆满。"

婚前，他让她感觉，自己是他精神上不可或缺的。她是一个浪漫的女人，以为找到了灵魂伴侣。

“婚后，他还是没有我不行，只是这种需要慢慢地变质了。如果没有我，他找不到内衣裤在哪里；没有我，他也不知道上班该穿什么。他让我感觉，没有我，他就会饿死；没有我，他也不会记得去缴水电费？我越来越忙，而他越来越像一个嗷嗷待哺的无助小孩？不过，据我的调查，在我出差的时候，他所有的功能都恢复得很好！”

对于她的抗议，他辩称：“我还是没有你活不下去！”

然而，她已自觉从精神性的爱人，变成了功能性的爱人。这一点让她很沮丧，感觉自己对浪漫的向往已经渐渐死亡。

女人都有“被需要”的渴望，但很明显的，她们喜欢自己在男人的精神上不可或缺，但并不希望变成一个多功能的家用机器人。

男人却从不知不觉地将需要从精神性的转成功能性的。婚前，只要她为他做一点儿事，体贴一点儿，他就会觉得开心；婚后，自动把这些服务变成她的工作。和她聊天时，渐渐地不再说那些虚无缥缈的话，不想去猜她闪烁言辞里隐藏的心事。

那些原本会滋润她灵魂的情话，他也渐渐懒得说出口。心想，反正你都听过了嘛，我也变不出新花样来了。

女人虽然不喜欢变成功能性的爱人，然而，精神需求转为功能需求，却是必经之路。事实上，女人的转变比男人要快许多，婚后女人对男人的要求，百分之百都和男人的生活功能有关。本来不计较的，全都计较起来了，自认为这是男人应负的责任，理所当然。

只是男人比较钝，较少发现浪漫渐渐死亡。也大多认为，如果浪漫可以换成安稳，也不失是一种合理兑换。

别指望女人当“校长”

文 / 庄小谐

凭什么女人就得是你们的梯子？为什么你们就不能做女人的梯子？退一万步说，即使不做梯子，做同学好不好？

年轻时曾遇到过一枚型男，身高八尺、面白如玉、家境富裕，姑娘我当下颇是动心。无数月黑风高的夜收到他的温情短信，简直要爬起来焚香拜月老，小女子何德何能，竟然遇此良人。

锦上添花的是，型男的父母对我也颇为满意，第一次登门，未来的婆婆大人就笑眯眯挽了我的手嘘寒问暖。了解我的家世，观察我的姿态，询问我的品行后，忍不住感慨道："都说一个好女人是男人的好学校，他能碰到你这么个好校长，我们终于放心了。"

谁是校长？我懊恼自己过分隆重，装得太离谱，竟然让老太太凭空就托付了一副千钧的重担。要知道姑娘我从小在家也是衣来伸手饭来张口的主儿，到了适婚之年，爹妈一直盼着找个男人认真接管，怎么这么突然地，我一下子就被安插到校长的预备位了。

小女人手无缚鸡之力，还要传道授业解惑，我这是结婚还是收徒啊？

偷眼看型男，他乐得好比桃花。为了佐证未来婆婆的信念，他不仅频频点头称是，还不时例证：我有多么温柔贤淑知书达理。

我悔得肠子都要青了，都是表现太过，以至出离本性这么遥远。看着那母子两个眼冒精光地看着我，我的小腿肚子都要抖起来了：如果真的嫁过来，真刀真枪地过日子，他们发现我根本不是校长之才，而是小学生的水准，不开除我才怪！

我说天资平平的我怎么能这么幸运，一下子钓了这么大的一枚帅哥，敢情他是被浮云遮了望眼，一心一意将我当成常青藤的女校长了。

除了落荒而逃，别无选择。

后来，又陆续见了形态各异的不同男人。无论高矮胖瘦，几乎所有男人都希望自己能娶到一个女校长，能够白搭人梯供他扶摇直上。我真恨不得将栗凿爆到他们头上去，凭什么女人就得是你们的梯子？为什么你们就不能做女人的梯子？退一万步说，即便不做梯子，做同学好不好？郎骑竹马来，绕床弄青梅，两大无猜，互相扶持，琴瑟和鸣，多登对。为什么非要将平等的婚姻关系，混成不平等的师徒关系才甘心。

只是，很可气的是，好多女人似乎也不愿意只与男人做同学。她们总溺爱娇宠地看着结发的夫，一副俯首甘为孺子牛的姿态：我就是要将你培养成精英。

教育得好的，学生毕业，真的奔了高枝，校长突然也就到了辞职隐退的末路。即便有那顾及传统和道德的学生，光鲜亮丽的酒会上执子之手大秀恩爱，可是，酒会的灯暗了，正牌太太的锦衣还没脱下来，她那成功的学生已经给别的女人当校长去了。

教育得不好的，学生毕不了业，年年留级不长进，不说自己资质愚钝，所有罪都怪到了校长的头上。男人都这样认为：每个成功的男人背后都有一个好女人，每个不成功的男人背后势必也有一个糟糕的女人。糟糕虽糟糕，不合格的校长倒不至于有被解雇的危险，可天天被抱怨，受指责，情何以堪。

从上帝在亚当身上取下肋骨做成女人那天，女人的使命其实就注定了，那就是被男人宠爱。在家父母是校长，有了婚姻，那是小儿郎入了新学堂，有一个好男人做校长来引领才是真幸福。实在不济，进了校长虚位的围城，一对男女做同学排排坐、吃果果也是小快乐啊。

所以，幸福的婚姻中，明智的女人是从来不选校长这个位子的。谁不知道做学生好啊，犯错可悔改，偶尔还可逃课撒娇。

据某女专家统计，最佳的夫妻组合是：男人做优等生，女人做差等生。因为，只有如此，女人才能天天享受被帮助的幸福。就如我，结婚后，学烹饪、学理财、学爱与被爱，尽管帮助得卖力，我学得也辛苦，可年复一年，每次会考还是不及格。

做“校长”的朋友替我男人着急：怎么同你这么个笨妞结了对子!

我窃笑着转过身去，从进了这个学校的门，我就没想过当校长那档子事。

爱你所以折腾你

文 / 罗西

保持一颗折腾的心，不停“烦”他，找他碴儿，与此同时，也就找到了浪漫的脉。

有个男生问：我怎么老被那个一起租住的女孩欺负？她常常不洗碗要我洗，甚至买卫生棉也落实到我头上……上班被老板骂，还回来踢我。我回答：恭喜你，被女生欺负说明那人爱上你了。每个女人都有一颗折腾的浪漫心，特别爱折腾她喜欢的男人。

爱就是“虐待”。男人愤愤不平：“轻暴力”女性怎么越来越多？其实，女性都有一条隐形的皮鞭，连老民歌也这样唱“带着你的嫁妆……和皮鞭”。爱，是轻微的施虐与被虐过程。如果一个女人总以折腾你为乐，肢体语言表现在捏、扯、撕、咬上，说明她看上你了，打是疼，骂是爱。

爱就是不讲道理。如果她与你讲道理，那她是你班主任；如果她与你客气，那她是你的客户。如果她是你爱人，她就是不讲理，不讲理是快乐的，也只有在家，在自己男人面前才可以尽情地发挥。先生遵循太太的教导，早上提供“叫醒服务”：起床了，起床了，老婆，你不说今天要早起开会吗？太太翻身再睡：讨厌，别吵我，我再睡一会儿。当他把饭热好，继续叫她时，她终于喊：呀！都迟到了，你怎么不叫我呢？

爱就是想称王称霸。幸福的女人都要有优越感。而最好最简单的优越感，就是从自家男人身上去榨取。传统体位一般是女下男上，那是性；表现在更光明的地方，女人喜欢被尊崇，做女王，要在男人之上。最温和的语言威胁是：要不要来？不来我就走了！比较深切的一剑封喉的霸道是掌管家庭财政大权。当然更多的是，生活里处处以为难自己的男人为乐。从心理学上看，她本质不是做女王，真正的意图是要男人宠着她，捧着她。俯视的呵护、怜爱，父母那里就可以得到了，在爱的男人、上过床的男人面前，如果要的还只是那种“太和谐的爱”，就没意思了。

爱就是贫嘴。没爱的时候，女人的唇舌是寂寞的，喜欢吃东西，所以缺爱的，反而容易胖。一旦爱了，唇舌就如鱼得水，风生水起，喜欢在语言上折腾男人，常常把男人弄得“无语”。男人一旦没话说，只好行动了，比如吻她，封口！这时女人会作秀地挣扎，其实，这才是自己贫嘴之后所要的结果。女人嘴上功夫，不一定是为了赢，而是要激发男人的斗志，行动的斗志。所以，贫嘴常常成为“最普遍的折腾”，嘴巴厉害，却满心期待。

看见她折腾你应该高兴，她折腾，说明她心中有爱。

幸福之花开在伤口上

文 / 卫宣利

幸福之花，其实都是开在伤口之上的。因为我们体会过伤痛和艰辛、经受过挫折和磨难。所以，当我们终于从泥淖中站起来时，就变成了容易快乐、容易满足、容易幸福的人……

去参加聚会，几位朋友恰巧都是事业成功家庭美满的女性，又正值花样盛年，个个优雅美丽，笑语嫣然，幸福全写在笑容明媚的脸上。几个人聊得热闹，便有人提议，说说各自对幸福的见解。

先开口的是位商界精英，生意做得风生水起。她嫁了小自己 10 岁的帅哥，他阳光、俊朗、朝气蓬勃，能一口气把她背到 8 楼，情人节结婚纪念日甚至妇女节，都有大把的玫瑰相送，两人一起出门时必定穿情侣装，每天晚上会亲自温水，为她洗脚。去年她刚生了宝宝，一家人其乐融融。

晒完了幸福，她话锋一转，说现在的老公其实是第二任。她的前夫是个特别挑剔的人，衣服没有熨展、皮鞋没有擦净，甚至因为她躺在沙发上的姿势不好看，都会找她大吵一顿。这段充满了硝烟和战争的婚姻生活，最终以男人的出轨而告终。短短几个月内，离婚、生意惨败、老父病故，人生的寒露秋霜呼啸而至，她几乎被击垮。但伤口总会愈合，而接踵而来的幸福，因了那些伤痛的滋养，愈发开得娇艳灿烂。

第二位开口的是位全职主妇，老公是一家公司的老总，虽然长了她30岁，却是那种顽劣可爱充满童真的男人。他为她买了房配了车，工作再忙也会带她去旅行，她想要天上的星星，他也敢上九天揽月，总之，他宠她宠得不像话。这段当初不被家人朋友看好的婚姻，却把她滋养得水嫩如花。

其实她这也是第二次婚姻。离婚那年她才24岁，前夫是公认的美男子，英俊潇洒白衣胜雪，又做得一手好菜。有这样既养眼又养心的男人陪在身边，她幸福得做梦都要笑出声来。可惜她的幸福只持续了短短8个月，美男便傍上了富婆，不告而别。人生突遭如此重创，她的心结了冰。是现在的老公，用他的温柔和疼爱，一点点把她暖了过来，给了她舒适自在的生活。而她，因为有过那样的经历，愈加懂得珍惜现在的幸福。

第三位朋友是位作家，文字精致独到，把爱与美演绎得淋漓尽致。只是，如此优雅美丽的女子却因为一次意外，终身只能坐在轮椅上。所幸的是，她遇到一位温柔体贴的男人。他安安稳稳地守着她，做饭、洗衣，为她洗澡按摩、推她出去散步；每次朋友聚会，他抱她上车下车、背她上楼下楼；她只要一个眼神，他马上就知道她需要什么……那份细致入微的呵护，令所有人羡慕。

她说：我人生最黑暗的时候，比你们都要绝望。一场车祸，让我丢了爱情、失去工作，生活拮据、前途无光，犹如世界末日来临。每天，在那间光线暗淡的小屋里，我只有拼命敲击键盘，期盼能用我的文字改变命运。父母最发愁的是我的婚事，没有男人肯接受一个不能走路的女子……

此刻，她看着身边的男人，温婉一笑，总结说：幸福之花，其实都是开在伤口之上的。因为我们体会过伤痛和艰辛，经受过挫折和磨难。最悲惨的时候，上帝几乎拿走了我们的一切，但好在，他留下了我们的生命。所以，当有一天，我们终于从泥淖中站起来时，就变成了容易快乐、容易满足、容易幸福的女人……

一屋子的人，都被感染了，真诚热烈的掌声经久不息。

是的，幸福从不偶然，更不侥幸。它只在那些经历磨难和疼痛的心坎上，悄悄地抽芽、生长。直到有一天，你突然发现，那些伤口早已愈合，而上面，幸福之花正灿然开放。

用幽默化解婚姻危机

文 / 徐欣欣

大刚性格开朗、为人正直，而且人缘很好。用妻子凌芳的话说：大刚是个好丈夫，会疼人、脾气又好，但有一点不好，就是太邋遢。

有一次，因为母亲生病，凌芳回娘家住了几天。从娘家回来的凌芳本想好好休息一下，可刚进家门的她发现，屋内乱七八糟，到处都是灰尘。原来，这两天大刚也赶上厂里有事，天天加班，根本没顾上收拾。看着凌乱不堪的房间，凌芳的气不打一处来："你也太懒了！平时不干活也就算了，我这么多天不在家，你就不能动动手，搞搞卫生？"凌芳一边收拾脏衣服，一边接着唠叨："在这种屋里待着你也不难受，活像是猪窝，我看你待在猪窝里还挺舒服！"大刚有心解释几句，但转念一想：凌芳正在气头上，越解释她肯定越生气，不如换个法子。于是，大刚嘿嘿一笑："就算你说得对，猪也是要吃饭的。今天晚上猪吃什么？"一句话把凌芳逗乐了，她顿时气消了一半，回了大刚一句："猪想吃啥就做啥！"

就这样，一场"危机"烟消云散了。

家中的事往往是可大可小的。如果大刚一本正经地去和凌芳辩论，事情还不知道会演变成什么结果；如果两个人争执的时候再把猴年马月的事抖落出来，这“战争”是肯定要升级的。而大刚的一句幽默，不但在危机关头化险为夷，甚至还提升了小夫妻之间的情趣。

幽默，是夫妻之间化解纠葛的好办法，因为夫妻之间的大部分矛盾都不是原则性矛盾，很多时候不过是看法不同，或者是兴趣不同，或者是习惯不同。既然没有原则上的分歧，当然也就可以有多种解决之道。

各持己见，常常会使夫妻矛盾激化；而善用幽默，则会让争执的心放松，有更大的空间来交流，不失为一种很好的调和剂。

要想善用幽默，首先要有一颗宽容的心。你能和他（或她）走到一起，结为夫妻，真的是一种缘分；缘分得到不易，要懂得珍惜、懂得感激。当你心存一份感激，你的心就会有天地之阔，你就会包容对方，便会愿意用一种轻松快乐的方式去解决问题。

要想善用幽默，还要有一颗智慧的心。平日可以多看一点、多学一点，有了一定的积累，关键时刻才能拿出来用，当然要用得恰到好处，不至于弄巧成拙。俗话说：“善言一句三冬暖，恶语伤人六月寒。”有时，一句巧妙的语言能使惊涛化为细浪，而一个不慎的用词却能让平湖起波澜。

国外流传着一个非常经典的故事：有一对夫妇，结婚有几年了，一直感情很好。有一天晚上，丈夫被朋友拉去喝酒，却忘了给妻子打个电话。一直到了午夜，丈夫才开始往家走，一路上，他在心里嘀咕着：妻子一定做了晚饭，并且等到很晚，现在一定气得不得了，我就等着挨骂吧！到了家门口，他悄悄开门进了屋，只见客厅里亮着落地灯，灯旁的桌上放着一张纸，上面写着：“饭在桌上，汤在锅里，我在床上。”丈夫看完以后，满心内疚，以后再也没有犯这样的“错误”，而是尽量把事情安排好，争取多一点时间在家里陪伴妻子。

应当说，这个妻子拥有的是宽容，表现的是智慧，而收获的是爱情！

生活中有没有幽默感，其实反映了一个人的生活态度。如果一个人的生活态度是积极的、乐观的、向上的，就会从快乐的角度接收信息；反之，就会丧失幽默感，甚至把对方的玩笑话给曲解了。

能不能用机智幽默来处理周围的事物，实际上也是一种能力。而这种能力反映的是一个人的修养和内涵。平日养成这样一种待人接物的习惯，不但会让自己快乐，有时还会有意想不到的收获。有这样一个爱情故事：有一位先生去打保龄球，相邻球道有一个小姐，提着 10 磅的球就跑去扔。谁想她的纤纤小手根本拿不住，球没有向前飞，而是重重地砸到了这位先生的左脚上，顿时，血出来了，有一个脚指甲也掉了。女孩子吓得直哭，一个劲儿地道歉。这位先生吃力地笑了笑，居然口出幽默：“小姐，你再练习练习，一定能次次打全倒，我这么小的指甲盖你都能打中，球瓶那么大还不好打?”故事的结尾是，他们成了一对恩爱夫妻。那位先生说过这么一句话：“我要是生气骂人，脚还是一样痛；但现在，我丢了一个脚指甲盖儿，却换回一个好媳妇，赚了!”

可以想象，这对夫妻的婚姻之路一定是充满阳光、充满快乐的。要知道，婚姻的状态是由心态决定的。

幽默感是需要培养的，夫妻双方也是需要沟通的。在沟通中夫妻之间会形成一种习惯，而习惯又会成为一种自然。当两个人都学会用幽默去化解家庭中的纷争时，家里的氛围就会越来越温暖。

学会与生活和解

文 / 卫宣利

凡事她都要尽善尽美，可到头来却弄得自己心力交瘁。突如其来的病痛让她豁然开朗：要懂得爱惜自己，放着好日子干吗不过？

她的火气越来越大，每天早上一睁眼就像是万马奔腾：卫生间的洗衣机里丢着昨天换下的衣服；马桶几天没刷，泛着难闻的味道；厨房的水槽里还留着昨天的碗盘，油烟机上糊着一层油污；沙发上铺满了书报杂志，冰箱里的剩菜仍然没包保鲜膜……

她有洁癖，不能容忍一丝的脏乱，可工作忙，家里的一摊事只好交给老公。偏偏他懒得要命，她每天千叮咛万嘱咐的话，对他而言都是耳旁风，这边进去那边出来，吵也吵了闹也闹了，过后该怎么样还是怎么样。

还有儿子，明年就要考中学了，仍然迷迷糊糊的，放学就钻进屋里不出来，也不知道在捣鼓什么。儿子倒不在外面给她惹事，只是沉默寡言，眼神冷漠，也越来越不愿意和父母交流。她有时候着急，就冲儿子发脾气，儿子也不争辩，只冷冷地看着她，看得她心里发虚：这孩子，到底是怎么了？

父母的情况也不好。母亲得糖尿病多年，只剩下微弱的视力，隔三差五地就要上医院，还动不动就要交代后事。父亲血压高，心脏也不好，偏又脾气暴躁、嗜烟好酒，凭她怎么劝，就是戒不掉。父亲每次犯病，都吓得她心惊肉跳，觉得天要塌了似的。

老公家里事儿也不少，哥哥买房跟他们借钱；妹妹下岗了，三天两头地缠着让他找工作；婆婆时不时要来他们这儿小住几天，她也得小心侍奉……老公工作倒是清闲，可每月那薄薄的几张票子，甚至不够她买件像样的衣服。家里的一切开销：房贷、孩子的学费、老人的抚养费，都要她来支撑。

生活像一场战争，她就像一个骁勇善战的将士，在没有硝烟的战场上挥枪舞戟。她个性强、心气高，凡事力求尽善尽美，可到头来却心力交瘁、焦虑重重，生活的步调仓促凌乱。

直到那天，她在办公室里整理好文件，准备下班回家。就在起身的瞬间，她忽然感到天旋地转，还没来得及反应，人就直直地跌了下去。

醒来时，她已经躺在医院里了。老公红着眼圈安慰她说："没事儿，你就是太累了。"一旁的医生接过话来："现在是没事儿，以后可不能再拼命了，有一种病叫'过劳死'，你不知道吗？人活着，要懂得爱惜自己，干吗要活得那么拧巴啊……"

她怔着，心忽然像被闪电劈开了一条口子，电光火石般地炸开了。是啊，为什么不能和生活和解？家里脏一点乱一点有什么关系？何至于为此和深爱的男人日渐疏离；孩子的冷漠和沉默，也是因为自己忙，缺乏交流；父母身体不好，可生老病死是自然规律，谁也无法抗拒，不如坦然面对；婆婆偶尔来小住，每天回来有现成的饭吃，有热水澡洗，也是幸福啊；老公挣钱虽然不多，可是任劳任怨、心性仁厚，是有口皆碑的好男人……她发现，仅仅是换个角度，她那万马奔腾般紧张焦虑的生活，就松弛下来了。原来，所谓幸福，就是与生活和解。

出院后，她整个人都变了，不再紧张和焦虑，也不再怨声载道地去要求老公，而他反而更用心地去做家务，并且总能带给她意外之喜。双休日，无论再忙她都会放下手里的工作，和老公一起带孩子去爬山郊游，孩子在前面欢天喜地跑着跳着，她和老公十指相扣含笑相随，那份和谐甜蜜，仿佛又回到了初恋时光。周末，他们还会带父母去看一场电影，看完后到饭馆点几道美味的小菜，慢慢地陪着他们喝一点儿红酒，听他们说一些前尘往事，细碎的音乐悠悠流淌着，舒服而惬意。父母显然也很享受这种舒缓的温情，母亲脸色红润，父亲情绪安宁。

她让自己的生活慢下来，平时修剪花草、绣十字绣、看书，人竟也慢慢优雅起来。

与生活和解，优雅从容地享受生活的乐趣，仔细闻一闻生活的芬芳，也许这才是有意义的人生。

两个人的青春

文 / 雪小禅

女友来电话，她说要离婚。

感情破裂？我大有一副“宁拆十座庙，不毁一对婚”的态度，上来就说，除非你们之间有第三者，否则别提离婚。

她无奈地说：没法过了啊。

然后她诉说，两小时之后，我态度凛然：离，一定要离！想想看，这样的男人你受不受得了——在超市，他一定全买打折的东西，为等待卫生纸打折，一定要提前排两小时的队；为了领到一杯5块钱的免费饮料，不怕站上20分钟；家里的东西什么都不让扔，洗碗的水要留着冲马桶，马桶长年油糊糊，牙膏要挤了又挤，然后用剪刀剪开，把最后的牙膏涂在牙刷上……

我已经目瞪口呆，她接着控诉——来了客人怎么能去饭店吃饭？一定要在家自己做；炒菜如果多放了油，剩下的油下次炒菜接着用，一滴都不浪费；口袋里随时有硬币，他坚决不能容忍打车，一定要坐地铁或公共汽车……他掏出硬币扔到里面的时候，那响声十分刺耳；他也在情人节送玫瑰，不过是情人节晚上10点以后，玫瑰彻底打折，沦为一块钱一枝的时候，他才会买上一枝……

如果哪里有免费赠送礼品的，一定不顾是否感冒早早去排队，回来后发烧坚持不打针不吃药，把自己搞到肺炎为止，即使吃药一定要吃打折的药，坚持只买便宜的不买对的。

水果不能去皮、衣服不能去干洗、灯泡不能超过20瓦、窗帘脏了要自己在浴缸里手洗……她越控诉，我浑身的汗毛长得越开，这毛骨悚然的生活，她居然坚持了3年！

谁能容忍一个男人精打细算到这步田地？

还谈什么享受生活？简直是生活的恐怖片。

难道小康生活是靠男人精打细算算出来的？大男人赚钱是靠智商，阿里巴巴网站的CEO马云曾经说，我最不相信那些会算计的人。越会算计，就越得不到。那些小钱，即使从牙缝里把肉剔出来，也不能对生活的改善起到多大作用，而生活的品质和幸福的感觉却被剔得七零八落。

只能看到这个男人的猥琐和小家子气。

我看不起这样的男人。大男人应该一统江湖的样子，他不关心牙膏多少钱一支，不关心哪里打折，只需要把山河岁月装在心里、装在胸中，你还没有留意，"刷"，几百万到手了，你待要惊喜地问他哪里来这么多钱，他大男人似的说：花去吧，花不完是你的责任，你必须把这些钱花出去，把自己打扮得漂漂亮亮的！

这才是真男人。

千万别和我提精打细算的小男人，连如厕卫生纸长度都要计算的男子，可以考虑抛弃。

他如此精打细算，对爱情更会斤斤计较，怕多给你花一分钱，也许分手还会向你索要青春损失费，还拿出给你买过的打折东西的发票让你报销，还提起有一次你吃了他一个 5 块钱的冰淇淋心疼得他吃不下饭睡不着觉……

我想想就吓得出冷汗。

太精打细算的男人不会有大发展，因为他把所有精力全放在如何过小日子上了，所以，大生活里不会再有他——和同事去吃饭，他不会埋单；和朋友去相聚，他一定把桌子上的烟装走，如果正碰上一个“黄鹤楼”烟头，说不定还要拣起来吸掉……这样的男人在生活中无孔不入，他们骑半新不旧自行车，穿过时的衣服，买过期杂志，到处蹭饭吃，尽量不用自己手机，假如单位有电话，即使接电话只花一分钱也要挂断给对方打过去……他一辈子都是一个科员，苦心一辈子攒钱可以买套 60 平方米的廉价房，不明白人家几百万几千万是如何挣来的。即使是单位免费供电，家里也黑灯瞎火，因为不费电还费灯泡不是？别以为这不是真的，这是我们朋友圈里关于一位精打细算男人的经典段子——他甚至连避孕套都循环再利用……

所以，套用梨花诗掌门赵丽华同志的句子：我坚决不能容忍那些精打细算的男人。

不，一点儿也不能容忍。因为他在精打细算的同时，也算计掉了生活的乐趣。婚姻里面生活的乐趣等于什么？其实就等于两个人的青春。

沉默不是罪

文 / 罗西

男人，往往突然陷入沉默，以一种不动如峰的姿态；女人，往往幻想愚公移山，以不肯善罢甘休的方式。当女人想撬开男人的嘴时，男人却说：沉默其实不是罪……

生活里，我们经常会看到这样一个现象：两个男人，一个口若悬河，一个冷峻深沉，最后被女人先要走的往往是那个“不爱说话”的男人。有趣的是，婚前，女人喜欢男人“不爱说话”的酷，结婚后，又希望自己的男人“话多一些”。显然，从审美角度看，男人沉默是醇酒，特香；从实用角度衡量，男人的沉默就是“闷屁”，特臭。而婚前，女人对男人的期待多从审美考量；婚后，女人对男人的指望，则多为实用出发。

婚姻里的男人，常常一天只说三句话：“走了”“我回来了”“睡觉吧”，这让满腹经纶的太太抓狂、伤心，最后憋成满腹牢骚，美酒酿不成，倒成了酸醋。

常常有女性向我投诉说："有时，我火冒三丈，怒气冲天，声嘶力竭地声讨他，他保持沉默；有时，我泪流满面，肝肠寸断，他还是一句话不说……"

女人最恨这种男人了！认为对方不重视自己，或者没有疼惜之意。这仿佛是世界性难题，为什么我们男人会在婚姻里集体"失语"？

从我个人切身体会来说，男人在婚姻里压力相对大些，因为"丈夫""父亲""家长"等几个"职称"如大山般沉重，举重的人哪有心情像濮存昕那样朗诵诗篇？一个字"累"，体力的和心理的，这个时候的男人犹如做爱后的"不应期"，疲软，意兴阑珊，不爱说话，这个情景，做太太应该很熟悉吧。

从表面上看，多数男人是因为害怕争吵而放弃发言权。因为，如果自己主动话多，就容易被越来越情绪化的太太抓把柄；如果被动据理争辩，更会弄得一地鸡毛，太太是不可以输的，婚姻里是不讲道理的。在这样的情况下，我们男人只好选择"少说""不说"和"懒得说"。

我们男人觉得吵架是一件很苦的差事，而婚姻里的女人好这一口，因为有爱做背景，所以会认为这是小夫妻情趣的一部分、浪漫的变种！所以女人最气急败坏的绝望说法是，"我真想与他大吵一架，可是孤掌难鸣，他不配合！"

从更深层心理分析，男人爱沉默是天性。男人大都倾向于目标和结果，在他们的眼中，生活就是一连串要征服的目标。婚姻里的男人，觉得再谈"浪漫"就是"浪费"，对已是"自己人"的太太懒得再费太多口舌。如果只是单纯说话沟通、解决问题，男人还是可以胜任的，也愿意说。问题是，太太要求你说体贴的话、关心的话、肉麻的话……换句我们男人的话表述，就是"一堆废话"和"无聊的话"，这时的沉默，一般有两种情况："不知道说什么"，"不知道怎么说"。

男人如狗熊，即使面临压力也会像大狗熊一样躲进洞穴独处，自己默默解决，而不像女性喜欢与爱的人"分享"烦恼。所以如果你一直问丈夫"为什么呢"，他一般会不耐烦"说没事就没事"。男女两界，思维方式是不同的。男人开口的目的，是寻求解决方案，女人开口的目的可能纯粹是交流感情。这样，两个不同星球的人，自然连吵架都不顺利。

另外，男性先天不善言辞，远古时候在外面打猎，要不动声色与野兽周旋；而女性在家摘野果，喜欢唧唧喳喳地打趣交谈。有研究发现，女性平均会使用 5 种语调，男性只用 3 种，而且往往只能辨别女性 5 种语调中的 3 种。显然这样的水平差距，不容易在语言交锋里有太精彩的发挥。

女人喜欢这样的三句话推理：他不爱说话了，也不爱理我了，所以也不爱我了！

当然不可以简单这样下定论，那么对男人而言，有什么启发呢？在婚姻关系里，男人需要被尊重，女人需要常常“感觉”被爱。沉默，不是断了沟通，而是换一种接近，比如专注地聆听她说话。女性遇到困难时，需要有人交谈倾诉。她并不要你提供解决难题的方法或建议，她要的只是你关注的眼神，同情和理解，一个感情的宣泄口。

所以，关键是男人要有一颗怜香惜玉的心，婚前，有温柔款款的眼神，殷勤的服务意识，当然，不说话也美妙。但是，结婚后，取消了恋爱时候的关怀眼神、省略了燃烧的熊抱……然后又变本加厉不说话，做太太的当然会失落会慌张会纠缠会质问会挖空心思跟你吵架！

所以，你要有真心的关怀，即使不说花哨的话，做太太的也会很宽心很享受的。实在不知道说什么好，那就吻她，这是最温柔也最有说服力的沉默。男人可以沉默，不可以冷漠；可以不动口，不可以不动手……